消失的名菓

廣州博物館 著

JPC

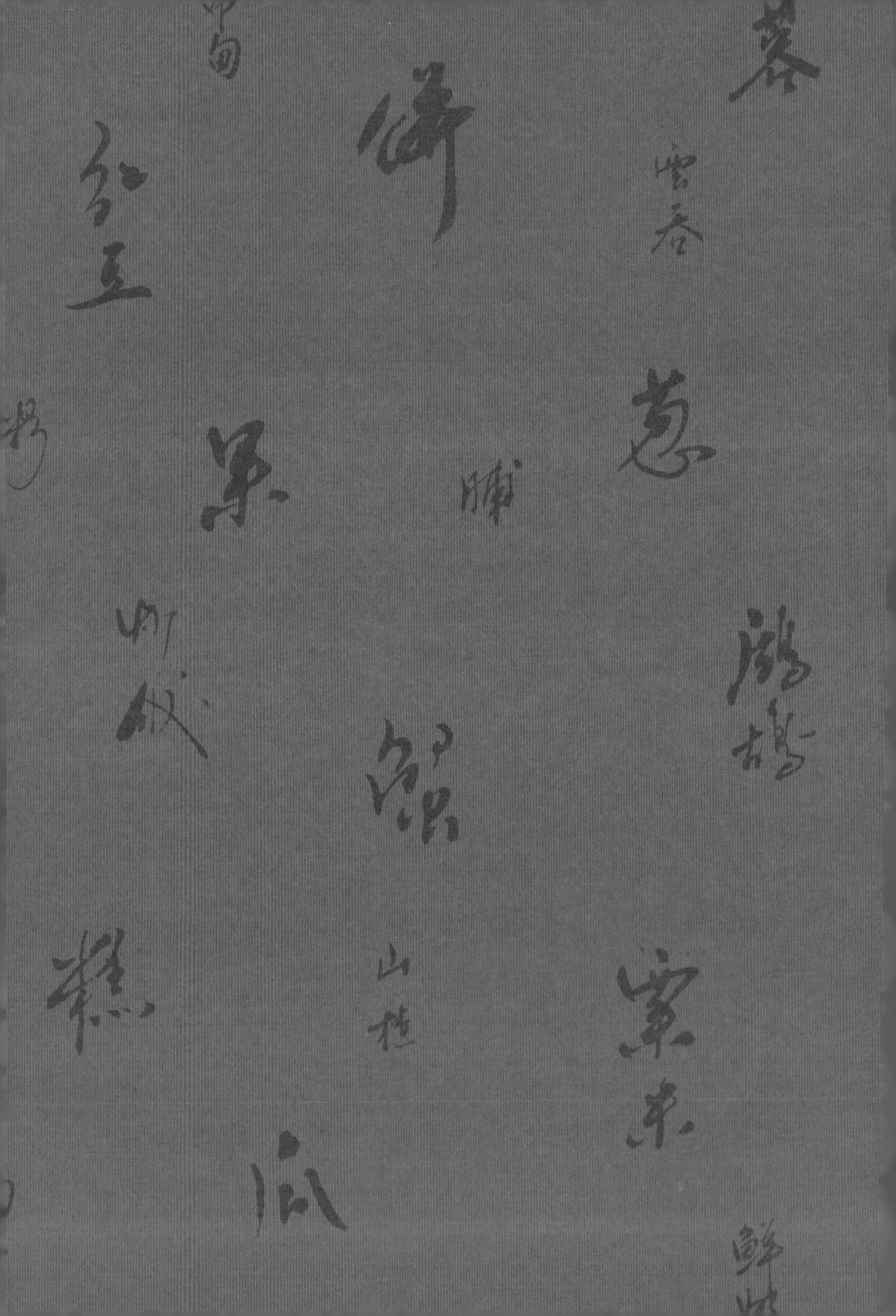

鸭 鸡 桂花 猪

牛 鱼 酒 包

卷

雪梨 虾 饺 汤

冰肉 柚

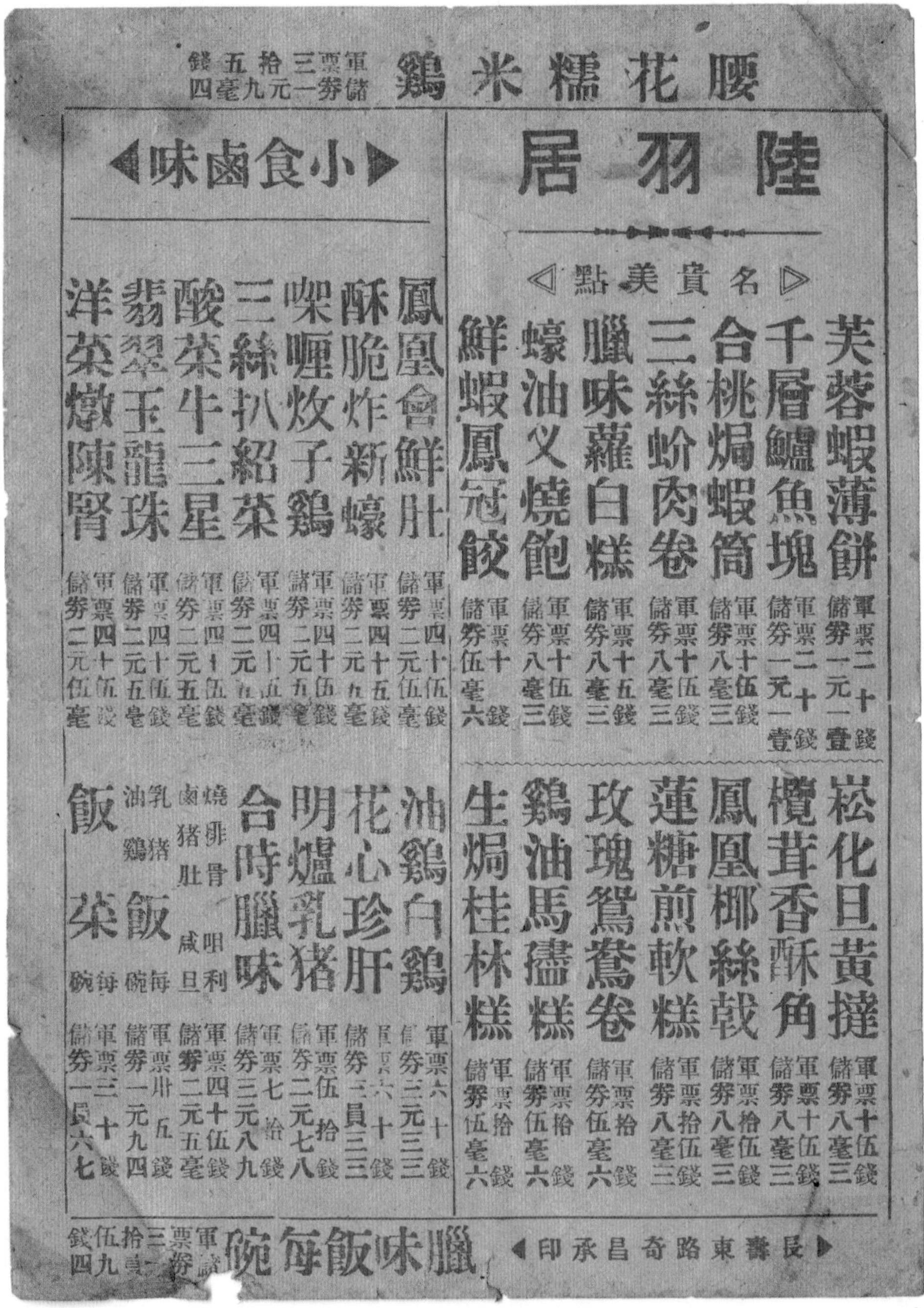

腰花糯米鷄　軍票三拾五錢　儲券一元九毫四

陸羽居

◁名貴美點▷

芙蓉蝦薄餅　軍票二十錢　儲券一元一壹
千層鱸魚塊　軍票二十錢　儲券一元一壹
合桃煽蝦筒　軍票十伍錢　儲券八毫三
三絲蚧肉卷　軍票十伍錢　儲券八毫三
臘味蘿白糕　軍票十五錢　儲券八毫三
蠔油叉燒飽　軍票十伍錢　儲券八毫三
鮮蝦鳳冠餃　軍票十錢　儲券伍毫六

崧化旦黃撻　軍票十伍錢　儲券八毫三
欖茸香酥角　軍票十伍錢　儲券八毫三
鳳凰椰絲戟　軍票拾伍錢　儲券八毫三
蓮糖煎軟糕　軍票拾伍錢　儲券八毫三
玫瑰鴛鴦卷　軍票拾錢　儲券伍毫六
鷄油馬蹄糕　軍票拾錢　儲券伍毫六
生煽桂林糕　軍票拾錢　儲券伍毫六

◀小食鹵味▶

鳳凰會鮮肚　軍票四十伍錢　儲券二元伍毫
酥脆炸新蠔　軍票四十五錢　儲券二元九毫
喇喱炆子鷄　軍票四十伍錢　儲券二元九毫
三絲扒紹菜　軍票四十五錢　儲券二元九毫
酸菜牛三星　軍票四十伍錢　儲券二元五毫
翡翠玉龍珠　軍票四十伍錢　儲券二元五毫
洋菜燉陳腎　軍票四十伍錢　儲券二元伍毫

油鷄白鷄　軍票六十錢　儲券三元三三
花心珍肝　軍票六十錢　儲券三員三三
明爐乳猪　軍票伍拾錢　儲券二元七八
合時臘味　軍票七拾錢　儲券三元八九
燒排骨　鹵猪肚　咀利　咸旦　軍票四十伍錢　儲券二元五毫
乳猪　油鷄　飯每碗　軍票卅五錢　儲券一元九四
飯菜每碗　軍票三十錢　儲券一員六七

臘味飯每碗　軍票三拾伍錢　儲券一員九四

◀長壽東路奇昌承印▶

I　陸羽居菜單｜民國

著名麵食河粉米粉

雞什炒米粉 每碟八毫

生魚片米粉 每碟八毫

- 紅圖大麵 壹賣三元六 半賣壹元八
- 雞球麵 每碟式元五 每碗壹元六
- 蚧肉伊麵 每碟壹元八毫
- 汀洲伊麵 每碟壹元
- 蝦子素麵 每碟壹元
- 羅漢齋麵 每碟八毫
- 蠔油辦麵 每碟八毫
- 雞絲炒麵 半賣八毫
- 揚州窩麵 大壹元六毫 小八毫

- 鮮蝦仁炒粉 半賣壹元
- 鮮蝦仁炒麵 半賣壹元
- 蝦仁炒麵 半賣八毫
- 排骨炒麵 半賣八毫
- 肉絲炒麵 半賣六毫
- 肉絲辦麵 半賣六毫
- 牛肉炒麵 半賣六毫
- 會冬菰麵 每碗伍毫
- 蝦仁會麵 每碗伍毫

- 伊府會麵 每碗伍毫
- 雞絲會麵 每碗五毫
- 上湯麵 每碗三毫五
- 排骨麵 每碗三毫五
- 滑肉麵 每碗三毫五
- 滑牛麵 每碗式毫五
- 炸醬麵 每碗式毫五
- 甫魚淨麵 每碗式毫五
- 滑牛米粉 每碗式毫五
- 牛肉炒河粉 半賣三毫五

巧製飯品

- 上湯會飯 半賣壹元 每碗伍毫
- 雞球飯 每碟式元
- 親子飯 每碟壹元式
- 滑旦蝦仁飯 每碟壹元式
- 羅漢齋飯 每碟八毫

- 菜遠田雞飯 每碟八毫
- 蠔油雞絲飯 每碟八毫
- 茄汁雞絲飯 每碟八毫
- 㗎喱雞絲飯 每碟八毫
- 會雞什飯 每碟八毫

- 茄汁牛肉飯 每碟六毫
- 窩旦牛肉飯 每碟六毫
- 滑牛肉飯 每碟三毫伍
- 蠔油窩蛋飯 每碟八毫 每碗伍毫
- 揚州炒飯 半賣八毫 每碗三毫五

長壽東路奇昌承印

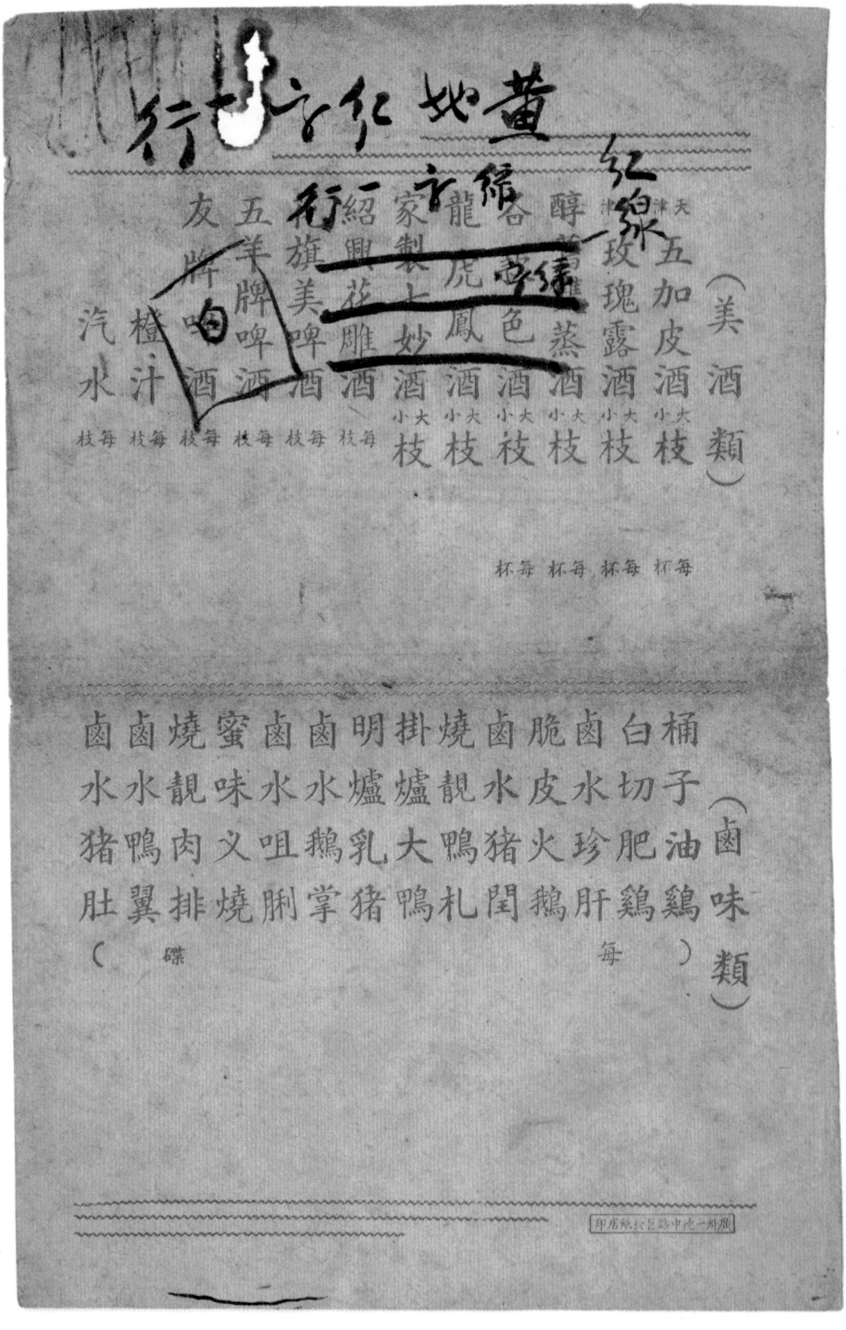
（美酒類）
天津五加皮酒 大小枝
天津玫瑰露酒 大小枝
龍虎鳳酒 大小枝
家製上妙酒 大小枝
紹興花雕酒 每枝
五羊牌啤酒 每枝
橙汁 每枝
汽水 每枝
每杯 每杯 每杯 每杯
（鹵味類）
桶子油鷄
白切肥鷄
鹵水珍肝
脆皮火鵝
鹵水猪閏
燒靚鴨札
掛爐大鴨
明爐乳猪
鹵水鵝掌
鹵水咀脷
蜜味叉燒
燒靚肉排
鹵水鴨翼
鹵水猪肚
（每　　碟）

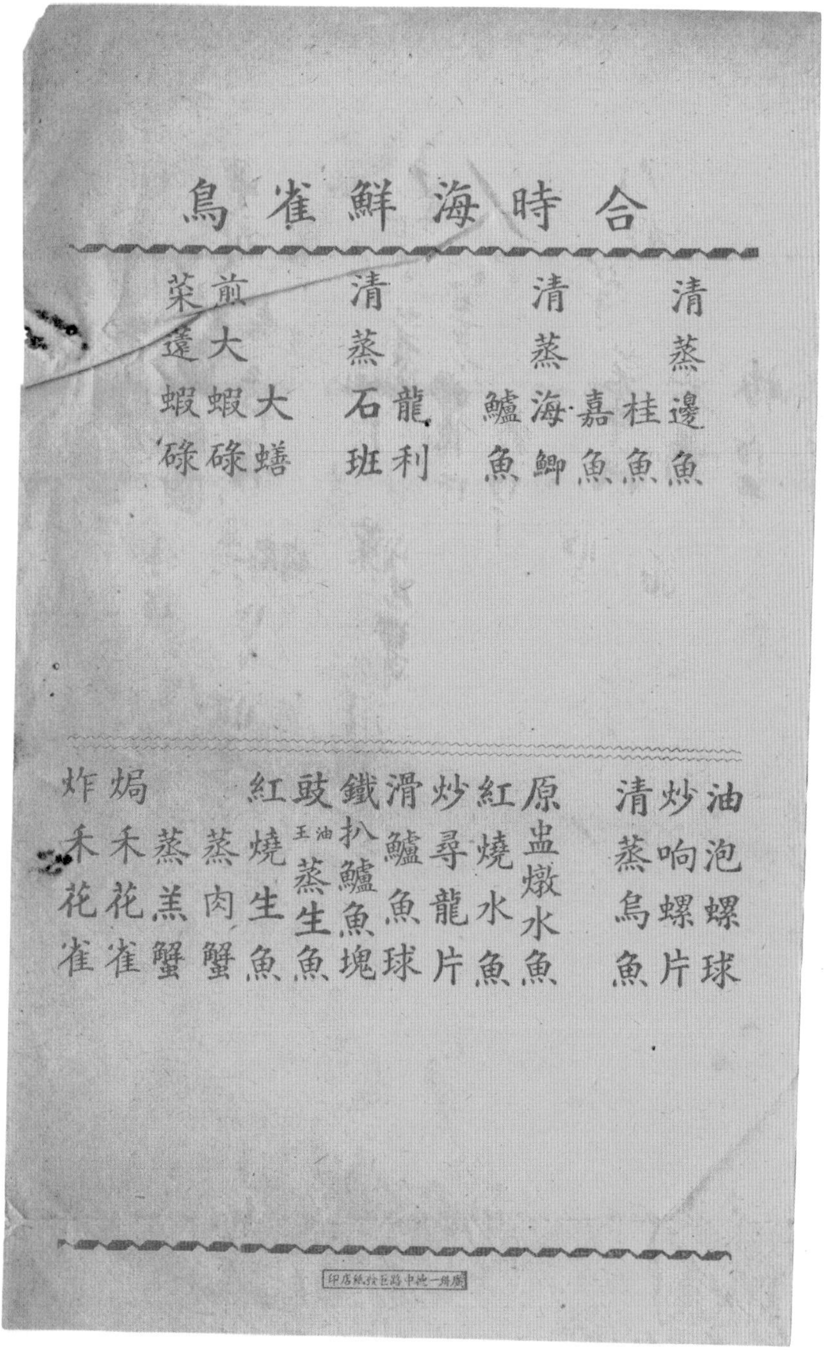
合時海鮮雀鳥
清蒸邊魚
桂魚
嘉魚
清蒸海鯽
鱸魚
清蒸龍利
石班
大鱔
煎大蝦碌
菜遠蝦碌
油泡螺球
炒響螺片
清蒸烏魚
原盅燉水魚
紅燒水魚
炒尋龍片
滑鱸魚球
鐵扒鱸魚塊
豉油王蒸生魚
紅燒生魚
蒸肉蟹
蒸羔蟹
焗禾花雀
炸禾花雀

太平南路

（陸）（羽）（居）（酒）（家）（常）（備）（筵）（席）

（電話）▲舖面壹叁陸壹弍 ▲三樓壹壹叁玖弍

●●食在廣州　陸羽居調味與湯水　尤爲巧手凡經
光顧　定知不謬　實事求是　不尙誇浮
本居的——菜式——點心——小食——滷味種種更爲可口
價錢與味道　都應研究　莫個聽價唔聽斗

全桌菜式（配合相宜）五大碗 四小碗 二冷葷 點心一度
巖茶香巾席捐包
在價內拾伍元算
●蟹蓉燕窩
冬瓜炖鴨
南華雙鴿
花膠鷄絲
山渣杏露
炒芙蓉蝦
（蒜芽）鷄肝雀片
生炒田鷄
腩魚豆腐

全桌菜式（配合相宜）六大碗 四七寸 二冷葷 二熱葷 點心一度
巖茶香巾席捐包
在價內弍拾元算
●爛鷄魚翅
明爐切乳猪
三脚冬瓜
腿汁扒芥菜
（正毛尾芽）炖神仙鴨
鴛鴦杏露
蠔油鮮菇冧
夜合鷄肝片
涼瓜田鷄
鐵扒鱸魚

全桌菜式（配合相宜）六大碗 四七寸 四熱葷 點心一度
巖茶香巾席捐包
在價內廿伍元算
●蟹肉魚翅
片皮乳猪
鮮蓮冬瓜盅
五柳石斑
文絲豆腐
桂花時菓露
生炸子鷄
夜合龍珠
（蔬菜）鳳肝雀片
大地田鷄

全桌菜式（配合相宜）十大件 四熱葷 點心一度 伊麵九寸
巖茶香巾席捐包
在價內叁拾元算
●蟹黃魚翅
金陵掛鴨
鮮蓮冬瓜盅
燕窩白鴿蛋
蟹汁石辦
蠔油炆子鷄
鮮菇扒豆腐
百花煎雀甫
夜合鷄肝片
合桃甜杏露

星期美點○散餐小酌○逐加時菜○粉麵飯品○另牌披露○

陸羽居啟

V　「陸羽居酒家常備筵席」菜單｜民國

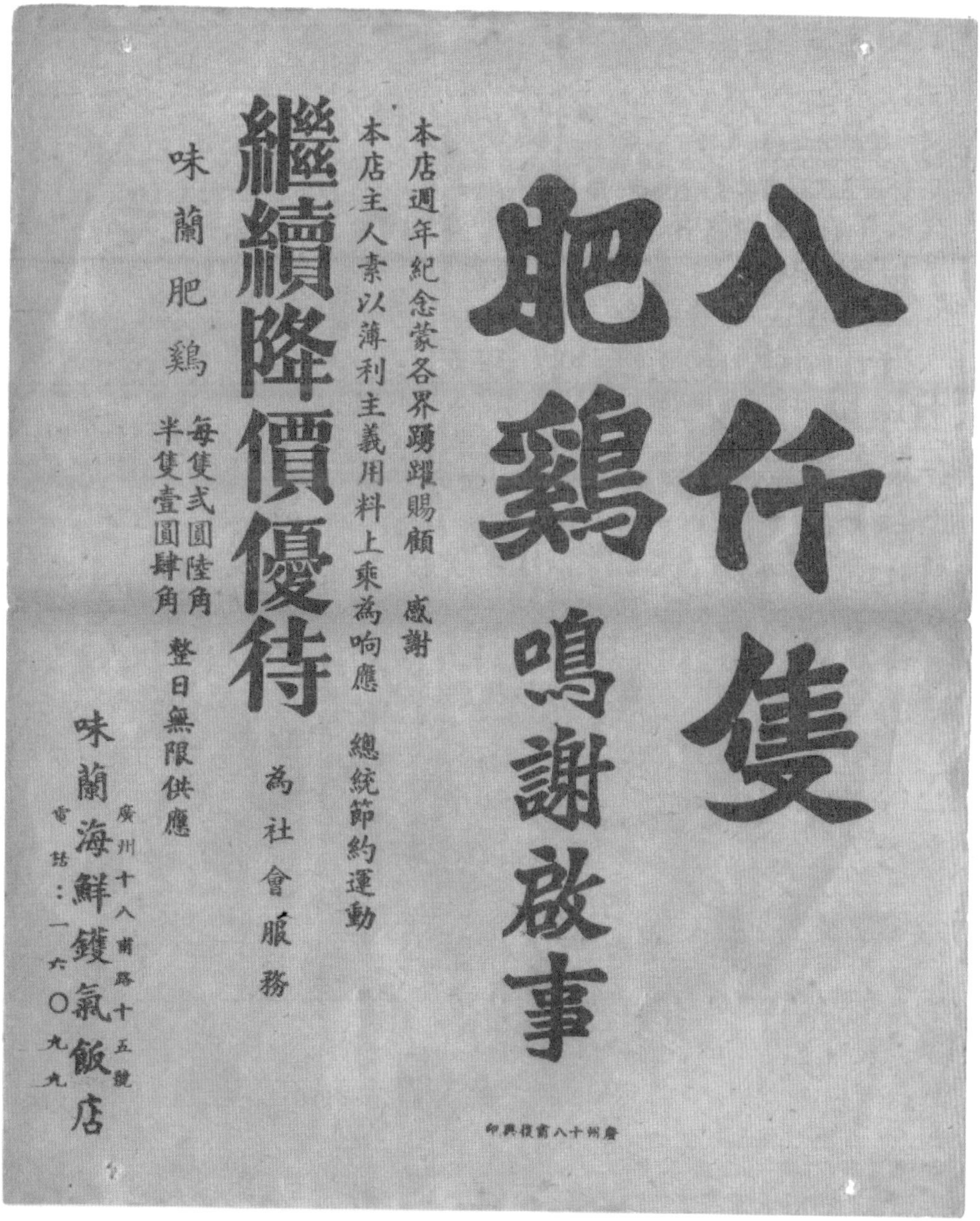
八仟隻
肥雞
鳴謝啟事
本店週年紀念蒙各界踴躍賜顧 感謝
本店主人素以薄利主義用料上乘為响應
總統節約運動
為社會服務
繼續降價優待
味蘭肥雞
每隻弍圓陸角
半隻壹圓肆角
整日無限供應
味蘭海鮮鑊氣飯店
廣州十八甫路十五號
電話：一六〇九九
廣州十八甫復興印

VI 味蘭海鮮鑊氣飯店的「八仟隻肥雞鳴謝啟事」｜民國

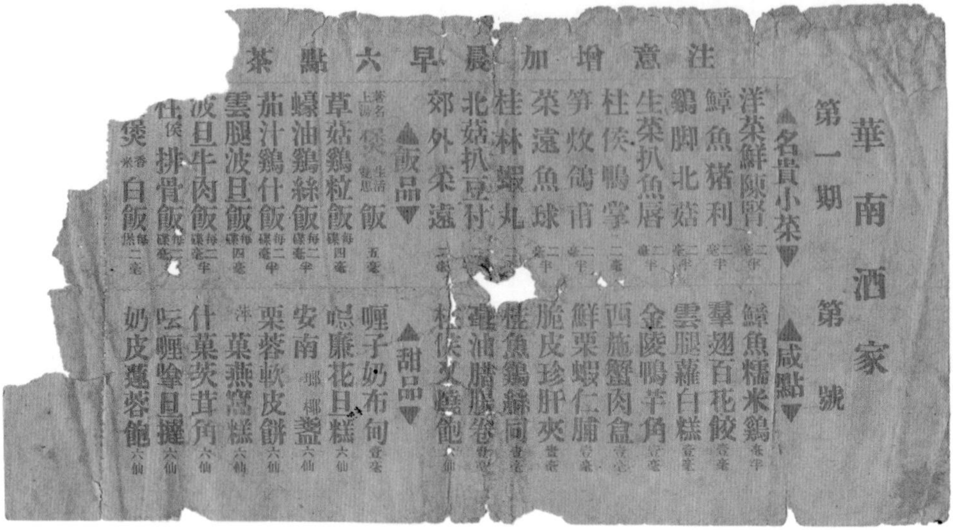

華南酒家

第一期 第　號

注意增加晨早六點茶

▲名貴小菜▼

洋菜鮮陳腎

鯇魚豬利

鷄脚北菇

生菜扒魚唇

杜侯鴨掌

筍炆鴿甫

菜遠魚球

桂林蝦丸

北菇扒豆村

郊外菜遠

▲飯品▼

著名上湯 煲 生活雙思 飯

草菇鷄粒飯

蠔油鷄絲飯

茄汁鷄什飯

雲腿波旦飯

波旦牛肉飯

杜侯排骨飯

煲香米白飯

▲咸點▼

鯇魚糯米鷄

羣翅百花餃

雲腿蘿白糕

金陵鴨芋角

西施蟹肉盒

鮮栗蝦仁脯

脆皮珍肝夾

桂魚鷄絲同

雞油臘腸卷

杜侯叉燒飽

▲甜品▼

喱子奶布甸

喼廉花旦糕

安南椰子盞

栗蓉軟皮餅

洋菓燕窩糕

什菓荚茸角

呧喱拳旦攞

奶皮蓮蓉飽

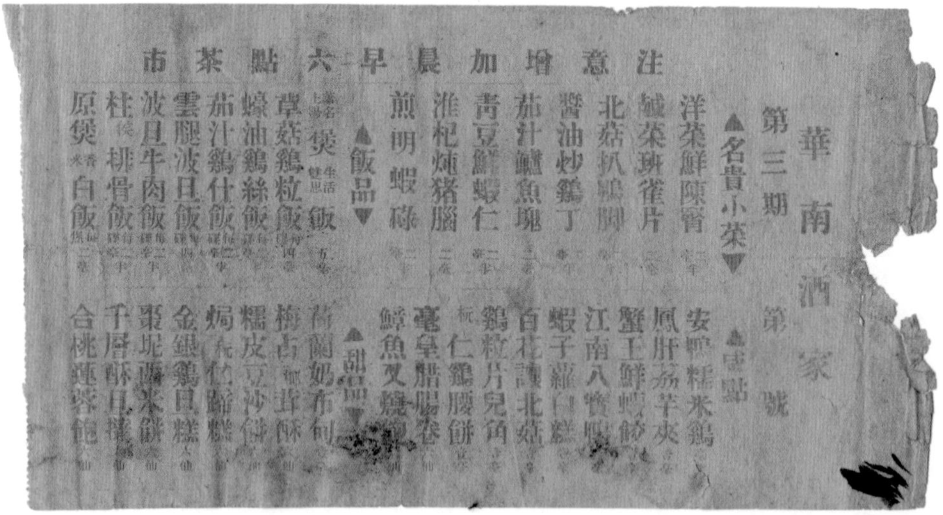

華南酒家

第三期 第　號

注意增加晨早六點茶市

▲名貴小菜▼

洋菜鮮陳腎

鹹菜斑雀片

北菇扒鴨脚

醬油炒鷄丁

茄汁鱸魚塊

青豆鮮蝦仁

淮杞燉豬腦

煎明蝦碌

▲飯品▼

著名上湯 煲 生活雙思 飯

草菇鷄粒飯

蠔油鷄絲飯

茄汁鷄什飯

雲腿波旦飯

波旦牛肉飯

杜侯排骨飯

原煲香米白飯

▲咸點▼

安蝦糯米鷄

鳳肝荔芋夾

蟹王鮮蝦餃

江南八寶鴨

蝦子蘿白糕

百花讓北菇

鷄粒片兒角

杭仁鷄腰餅

毫皇臘腸卷

鯇魚叉燒飽

▲甜品▼

荷蘭奶布甸

椰古茸酥

糯皮豆沙餅

焗杭仁酥糕

金銀鷄旦糕

栗泥西米餅

千層酥旦撻

合桃蓮蓉飽

VII　華南酒家菜單第一期｜民國

VIII　華南酒家菜單第三期｜民國

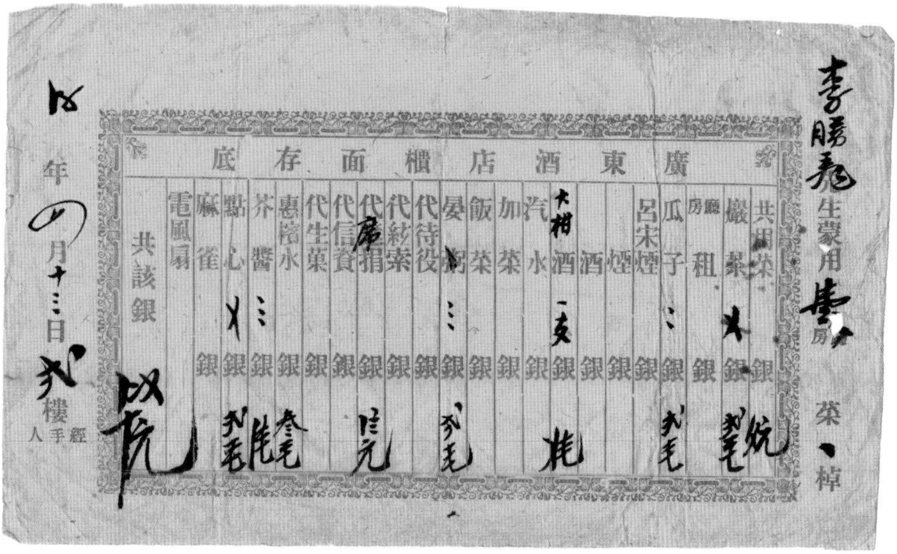

廣東酒店櫃面存底

共用菜	銀
巖茶	銀
廳房租	銀
瓜子	銀
呂宋煙	銀
煙	銀
酒	銀
大樹酒	銀
汽水	銀
加菜	銀
飯菜	銀
晏粥	銀
代待役	銀
代紙索	銀
代房捐	銀
代信資	銀
代生菓	銀
惠崙水	銀
芥醬	銀
點心	銀
麻雀	銀
電風扇	
共該銀	

先生蒙用　房　菜　棹

年　月十三日　樓　經手人

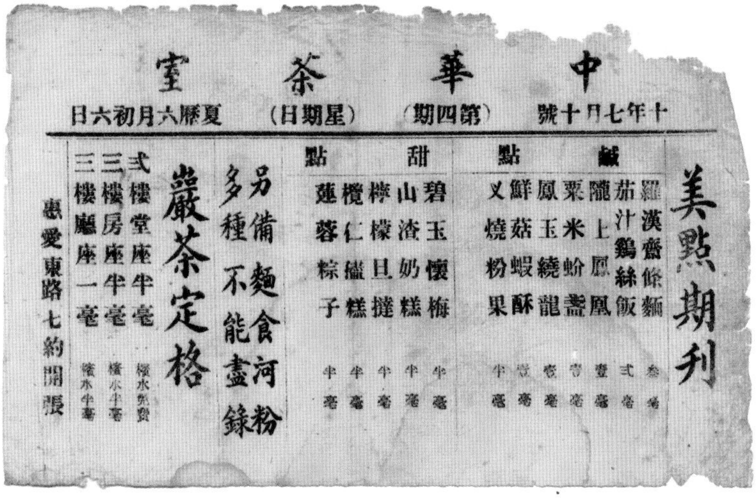

中華茶室

十年七月十號（第四期）（星期日）夏曆六月初六日

美點期刊

鹹點

羅漢齋鮽麵	叁毫
茄汁雞絲飯	弍毫
隴上鳳凰	壹毫
粟米蚧羹	壹毫
鳳玉繞龍	壹毫
鮮菇蝦酥	壹毫
叉燒粉果	半毫

甜點

碧玉懷梅	半毫
山渣奶糕	半毫
檸檬旦撻	半毫
欖仁爐糕	半毫
蓮蓉粽子	半毫

另備麵食河粉 多種不能盡錄

巖茶定格

弍樓堂座半毫 檯水熟費

三樓房座半毫 檯水半毫

三樓廳座一毫 檯水半毫

惠愛東路七約開張

IX　廣東酒店存底單｜民國

X　中華茶室菜單｜ 1921 年

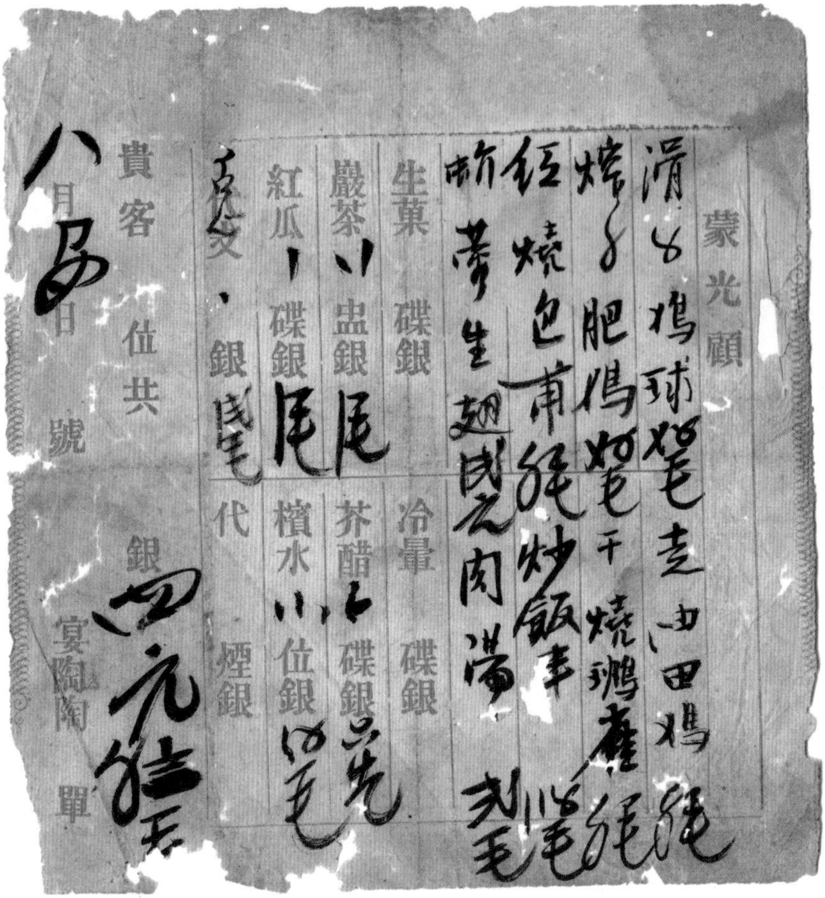

XI　宴陶陶櫃面存單｜民國

序

從 2020 年 10 月「消失的名菜」第一季亮相，到 2023 年中第三季上線，「消失的名菜」項目走過了快四年的時間。基於廣州博物館館藏的老菜單和老菜譜，博物館與嶺南商旅集團旗下的中國大酒店團隊，對業已消失的民國味道進行還原、重塑和創新，實現對深藏在博物館的文物的活化利用，充分展現了博物館的研究能力，更體現出酒店業在打造高質量餐飲產品及服務上的強大優勢，以及文旅融合大背景下對全新的文創開發模式的探索和實踐。

早在 2018 年甚至之前，得益於文博同行、老前輩及飲食界老行尊無私的文化共享精神，一批老菜單、月餅廣告單和老菜譜就被系統性地收集和研究，在廣州博物館和中國大酒店的聯袂合作下，「消失的……」項目在 2020 年底開始萌芽，逐漸向根深葉茂的參天大樹穩步生長，形成了名菜、月餅、點心、飲料等多個子系列，形式豐富多樣的「博物館裡吃文物」文創體驗活動，以及由此衍生出的美食文化沙龍、社會教育活動、美食文創空間等眾多文化創意產品。文物與美食、文化與旅遊的相互貫通和交融，為「消失的……」項目注入源源不斷的生命力。

近四年中，有困難、有挫折，但也有突破、成長和成績。2021 年的國際博物館日，憑藉「消失的名菜」項目，廣州博物館從廣東省博物館協會副理事長張建雄手中接過「廣東省最具創新力博物館」的榮譽；同年，嶺南商旅集團旗下的中國大酒店則獲得由中國旅遊研究院和中國旅遊協會頒發的「2021 文旅融合創新項目」殊榮。2021 年中秋節當晚，「消失的月餅」登上中央電視台新聞聯播；月餅盒基於文物的古典之美，融合民國滋味的還原和重塑，讓國人領略到廣州在傳統文化創造性轉化、創新性發展方面取得的新成果。以館藏國家二級文物元素為靈感打造的「粵色中國」禮盒，目前在中國國家版本館廣州分館的「廣式月餅文化專題版本展」中展出，為中華文明的種子基因庫又添一粒傳承嶺南文化的種子。

中國大酒店的「消失的名菜」主題宴席，多次展現在重要的政務活動中，以及經濟與文化交流平台上，成為第 130 屆廣交會接待重要嘉賓的主題晚宴，以及 2021 年「讀懂中國」國際會議的定制宴會服務。以「食」連接世界，以「味」打動人心，「消失的……」項目從紙面文物到餐桌上的五滋六味，再到文物舊址裡沉浸式的文創體驗；從名菜，到點心、月餅；從鎮海樓，到廣州、中國乃至全球，讓越來越多的群體從文物、從舊時代的老滋味裡認識廣州，讀懂廣州。

2022 年，中共廣州市委常委、宣傳部部長杜新山調研嶺南商旅集團旗下花園酒店博物館、中國大酒店「消失的名菜」體驗館時，瞭解到廣州博物館「消失的……」項目的研發、創作和宣傳推廣的過程，並給予了高度的認可，當即提出要將項目整理出版。在這一契機驅動下，廣州博物館與中國大酒店共同對該項目的研究成果和研發資料作系統梳理，這既是文博工作者面向公眾進行宣傳教育的渠道，也可以供後來的研究者、策劃者借鑒。如果說觀眾的每一次體驗，媒體的每一次報道，都是對「消失的名菜」項目的無形印記，那麼對這一項目的緣起、經過、意義，以及研究成果進行總結、提煉和昇華，則是項目得以繼續深化存續的實體成果。我們不僅能通過博物館對文物的轉化利用，在中國大酒店的餐廳看到、品嘗到那業已消失的菜品，還可以跟隨博物館研究人員、中國大酒店研發團隊的足跡，瞭解菜品在歷史背景以及復原過程中的故事和內涵，逐字逐句解讀民國菜單、菜譜上的歷史文化信息和時代精神，通過「吃」這扇窗口，真實地觸碰那個逝去的年代，看那個時代的人，認識我們的廣州。

是為序。

廣州博物館
中國大酒店
2023 年 5 月

香港版序

融合：從食在廣州到和味灣區

因海而興、向海圖強的廣州，通過「一口通商」延續了經濟、文化、科學與藝術的對外交流，續寫了近代海上絲綢之路的輝煌。這座千年商都，不僅承載著豐富的歷史底蘊，還孕育出了獨具特色的飲食文化。食在廣州，是近現代中國飲食文化賦予廣州這座千年古城的一項無上榮譽，是對開拓創新、包羅萬象的近代廣州飲食文化的高度肯定。粵菜的發展史，也是一部近代廣州社會生活史。

當翻開那些封存於博物館的老菜單，這些珍貴的文物喚起了對百年前粵菜的記憶與想像。從這些泛黃的紙張上，我們看到了那些逐漸消失或被遺忘的傳統粵菜工藝。我們深感責任重大，決定將那些失傳的技藝重新挖掘，讓它們在當代重現輝煌。為了實現這一目標，我們深入歷史的長河，追溯那些古老的烹飪技法，廣泛搜尋歷史文獻、挖掘菜品背後典故、訪談粵菜泰斗、不斷試驗、反覆研發、數次請業內人士品鑒，力求還原那些傳統粵菜的獨特風味。每道菜的背後，都蘊藏著我們對歷史的敬意和對技藝的執著。

從首發到迭代到更多維度、更多載體、更多場景持續煥活「消失的名菜」，嶺南集團對項目投以熱愛，倍感榮幸。集團旗下中國大酒店與廣州博物館，歷三載時光，共同打造出這個富有創意與傳承的文化品牌項目。「消失的名菜」不僅是一個餐飲項目，更是一場關於文化的探索與傳承。我們希望通過這個項目，讓更多人瞭解粵菜的過去與現在，讓文物從博物館走向公眾，讓大眾更瞭解嶺南飲食文化，感受其深厚的文化底蘊和獨特的魅力。同時，也期待能在傳承與創新中挖掘和重塑傳統粵菜的現實價值，讓其在當代社會中煥發出新的活力。這包含了無數披荊斬棘，但也包含了我們對嶺南、對大灣區的一片深情。

一方水土，培養出一方人的口味，更滋潤出一方人的飲食文化。同飲一江水的灣區人民，飲食文化同根同源，都承載著豐富的歷史與文化底蘊。他們共同的味蕾記憶，形成了獨特的「鄉愁」。2024 年的春天，嶺南集團將聯合新世界集團，在香港舉辦「消失的名菜」筵席，邀請各位朋友一同品味歷史的味道。與此同時，香港 K11 也將展出「消失的名菜」主題展覽，從「溯源、在地、尋味、融合」四大篇章，帶領觀眾走進粵菜的歷史長廊。我們堅信，在粵港澳大灣區文旅融合發展的背景下，「消失的名菜」將成為城市間的文化交流和消費融合的重要橋樑，為大灣區的發展注入新的活力。

最後，感謝香港三聯書店推出《消失的名菜》繁體版本，這本書在內地出版時大受好評，獲得 2023 年度全國「最美的書」獎項。通過三聯書店的支持，讓全世界通過美食這一窗口瞭解灣區，同時也讓中華美食文化的魅力傳播至全球。

嶺南集團

2024 年 3 月

目錄

貳

在地

食在廣州的近代往事

參

尋味

肆

情味

伍

融合

緣起：從老菜單裡引發的思考

食，一日三餐也。作為人類生存發展的基本需要和前提，伴隨著人類文明的發展，飲食文化和飲食市場逐漸產生，而菜單和菜譜作為廚房秘技、進食順序、食事指南的載體，承載了無數的人情世故，可以從中看出當時社會的經濟狀況、政治氛圍、民情風俗流變等文化內涵。近代以來，隨著東西方文化的交流和廣州城市經濟的繁榮，廣州食肆數量激增，競爭不斷加劇，推動了菜單設計的變革，使之兼具廣告功能。消費群體激增的同時，「食不厭精」的文化追求，推動著粵菜趨向品質化發展，一些重要場合的特定菜式及其文化內涵被確定下來。時代的飲食流變，都藏在了菜單裡面。廣州博物館「消失的……」項目的緣起，正是發端於館藏珍貴的民國老菜單。一張張散發著歷史陳香的老菜單，記載著一道道當年享譽羊城的傳統菜品，也讓我們得以走近那個「食在廣州」的年代。

粵菜起源於先秦，形成於漢唐，成長於明清，興旺於民國，繁榮於當代，以其清淡、鮮美、精緻的工藝和豐富的選材廣受歡迎。廣府人對美食的追求，絕不囿於偏安一隅。屈大均在《廣東新語》中曾道：「計天下所有之食貨，粵東幾盡有之；粵東所有之食貨，天下未必盡有之也。」與「敢為天下先」的嶺南文化一樣，粵菜融合中外飲食文化，並結合地域氣候特點，不斷創新。廣州歷來是一座多元、包容的城市，在飲食上更是兼收並蓄，至清代，粵菜師傅們不斷吸收其他菜系的精華，加以改良和創新，使粵菜迅猛發展，成為我國四大菜系之一，並登上了「執牛耳」的地位。辛亥革命以後，粵菜也日臻成熟，「食在廣州」的招牌享譽海內外。

改革開放以後，粵菜得到了快速發展，同時也受到全國各地以及國際上不同餐飲文化的影響。在這樣的背景下，粵菜開始向多元化、創新化、現代化方向發展。一方面，許多地方美食和烹飪技藝被吸收到廣東的菜餚中，使其更加地豐富和多樣化。另一方面，隨著生活質量的提高和人們對健康的關注，健康、精緻、時尚的概念也被引入粵菜中，促使粵菜的烹飪技藝得到提高，食材的選擇更加豐富。粵菜的發展得益於海納百川的優良傳統，吸收了各地餐飲文化的精華，不斷推陳出新，從而獲得了更為廣泛的認可和讚譽，成為中國餐飲文化中的重要組成部分。

廣州博物館作為展示與傳播本土歷史文化的重要窗口，保存著眾多從秦漢至民國反映廣州飲食發展演變的文物，時間跨度達兩千多年，從炊煮用具、餐飲器皿，到農業生產、飲食遺存，尤其是民國老菜單、老菜譜和食品廣告，更是廣州餐飲業輝煌的見證。在不少人眼中乏善可陳、不受重視的歷史文本，實際上卻是尋覓「地道廣味」的寶藏線索，其蘊含的歷史信息十分豐富。由這些菜單可以發現，當年的菜式從命名到分類，都與現在有很大不同。那時的酒家會提供多款菜單供不同的食客選擇：有的用於普通食客的日常點餐，有的則是為筵席而專設，還有每週推出新品的「星期菜單」。種類繁多的菜單正是粵商顧客至上、注重服務精神的體現。如何從文物菜單出發，讓社會大眾得以超越影視音像和文字史料，走近那個「食在廣州」的年代，真真切切領略民國廣州飲食業的風采，為廣州市民留住鄉愁與記憶，守護本土飲食文化，擦亮「食在廣州」這張享譽中外的城市品牌，成為廣州博物館的一項重要課題。

基於博物館對文物的深入研究，利用傳統的博物館展覽陳列、教育活動、社交媒體深度解讀展示等宣傳方式，固然可以讓這些散發著歷史陳香的老菜單、老菜譜重新回歸人們的視野，將歷史信息傳遞給觀眾，但卻僅僅只能停留在視覺、聽覺等層面。而美食作為色、香、味俱全，視、嗅、味諸覺皆備，注重體驗過程的物質文化，僅僅依靠平面或三維進行呈現是不夠的。為充分展現民國廣州美食的歷史文化意涵，實現文物從靜態展示到活化利用、從紙上到餐桌上的轉化，廣州博物館拓寬思路，轉變文物利用思維，攜手嶺南商旅集團旗下的中國大酒店，共同研發「消失的……」項目，走出了博物館與飲食業攜手合作、跨界融合的探索之路。

基於館藏文物研究、業內行尊口述和指導、餐飲團隊研發試驗和創作，從2020年起，在文旅融合的大背景下，「消失的名菜」第一季、第二季，「消失的月餅」「消失的點心」「消失的飲料」等文物活化項目橫空出世，不但高度還原了那些已經消失的菜式，經過創新和重塑，讓它們重回餐桌，走向市場，獲得生生不息的活力，而且還創造性地以沉浸式原址體驗的虛擬文創形式，突破傳統博物館的文物利用模式以及與觀眾互動的界限，在廣州博物館主館址鎮海樓畔、明城牆下、老電車上，讓觀眾調動五感，身臨其境地感受民國廣州飲食之美和飲食之都的高光時刻。「消失的……」項目使文物真正「活」起來，而非僅僅陳列在展櫃之中，讓「博物館＋」「文創＋」等模式走進現實，恰如其分地融入公眾的日常生活裡。

近年來，地方政府對於擦亮粵菜這張「金字招牌」可謂是不遺餘力。從2020年廣東省委、省政府著力倡導推進的「粵菜師傅工程」計劃，探索粵菜師傅青年人才培育模式，到2021至2022年廣州相繼舉辦國際美食節、中華美食薈暨粵港澳美食嘉年華等高級別美食盛會，粵菜文化在新時代征程中注入了新的發展活力。趁此東風，「消失的……」項目逐漸成長為源源不斷、生機勃勃的文創和文物活化利用品牌。2021年，憑藉「消失的名菜」項目，廣州博物館獲得「廣東省最具創新力博物館」獎項，中國大酒店獲「2021文旅融合創新項目」殊榮。2022年，廣州博物館與中國大酒店為「消失的名菜」設計了專屬的品牌logo，這在博物館界與酒店業都是一次創新，由此衍生出更多的文化產品，將進一步推動「消失的名菜」向品牌化發展。文物與名菜，撩撥著食客老饕的味蕾，探討著新時代文旅發展的可行路徑，表達著百年來廣州獨有的「人間煙火氣」，向世人展示廣州風采，講述廣州故事，引領社會由此讀懂廣州。「消失的……」項目，將迎來一個更廣闊的發展前景和未來。

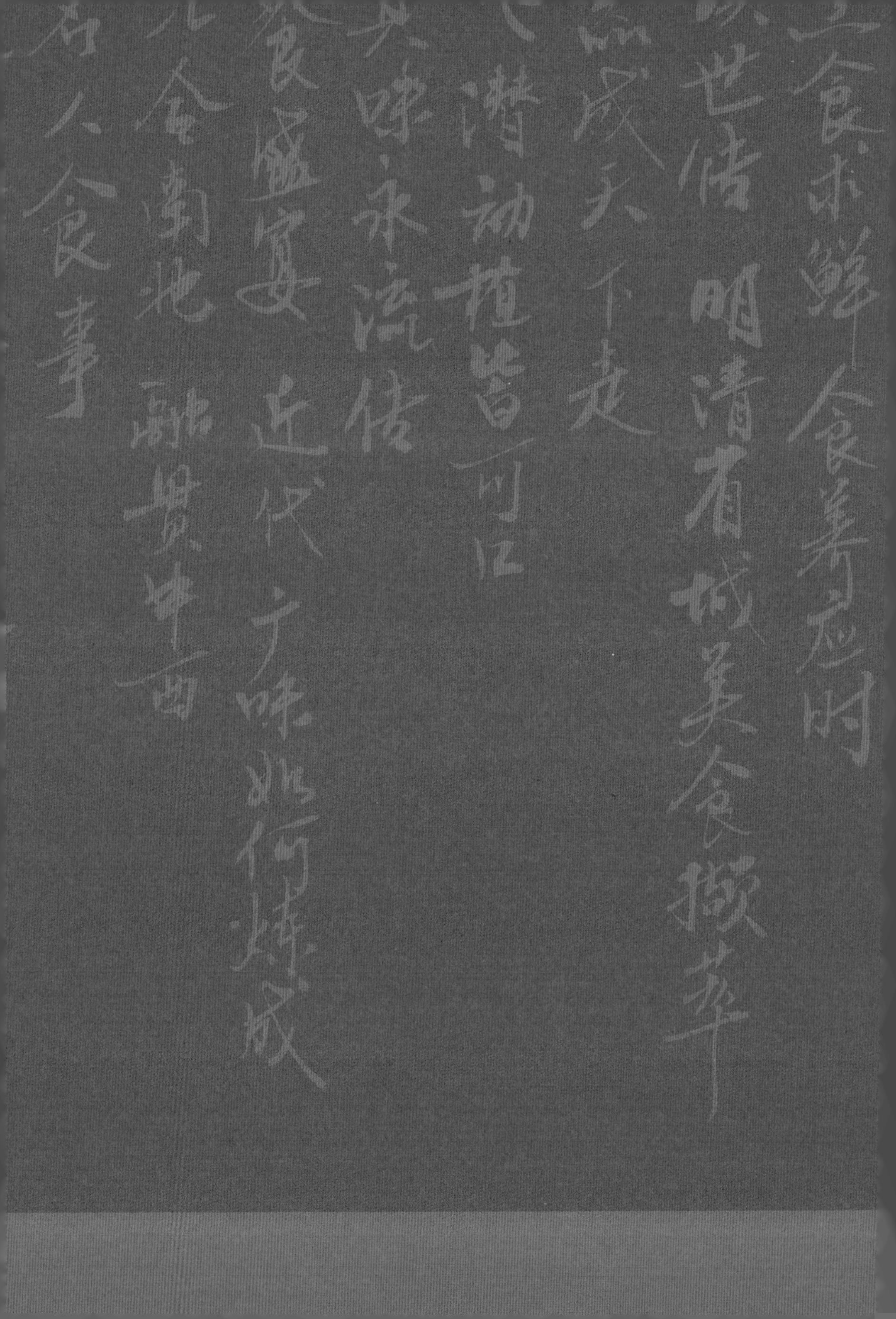
食求鮮
世傳
明清肴成美食擷萃
成天下走
味承流傳
全南北融貫中西
人食事

壹 溯源

博物館裡的廣州味道

以廣州為中心的粵菜，是嶺南飲食文化的代表。廣州瀕江臨海，自古物產豐饒，加之粵地中外食材雲集，南北烹飪技藝切磋碰撞，既豐富了餐桌上的佳餚，又充實了廣府飲食的內涵，羊城逐漸形成了尚鮮求精、知時而食、藥膳同源的廣式飲食文化。讓我們從廣州博物館文物裡去找尋、去品鑒這份傳承千年的廣州味道。

三牲五鼎

漢代嶺南飲食指南

廣州飲食文化源遠流長，其形成和發展由嶺南地區獨特的自然環境和人文因素所決定。得天獨厚的地理位置和氣候條件，使嶺南的各種資源、物產極為豐富。秦平嶺南後，至秦末南越國建立，嶺南社會趨向穩定，農業發展迅速，為嶺南飲食文化的形成奠定了物質基礎。秦漢時期，治粵的王公貴族帶來了北方各地的飲食習俗。大量隨官南遷而來的官廚高手，把全國各地名餚美食的烹製技藝介紹給嶺南人民，促使嶺南烹調技術不斷提高。南北佳餚在此碰撞、交融，形成了開放兼容而又獨具特色的飲食文化。

嶺南魚米鄉

嶺南位於我國大陸南部，北面五嶺橫亙，東南瀕臨南海，境內地貌多變，既有高山丘陵平原，又有江河湖泊，地處亞熱帶—熱帶，氣候溫暖潮濕，全年降水充沛，江河流量大、汛期長，動植物類的食品資源非常豐富。廣州地處珠江三角洲沖積平原，東江、西江、北江三江在此匯流，土壤肥沃，水網密佈，十分適宜發展農耕和漁業。便利的交通和優良的港灣，為廣州的物產交流和貿易提供了得天獨厚的條件。

以南越王宮署遺址為代表的廣州漢墓出土發現有稻穀。秈、粳是當時的主要栽培品種。楊孚《異物志》載：「稻，交趾冬又熟，農者一歲再種。」說明嶺南在漢代已種上雙季稻。漢代嶺南的水稻已採用水田耕作，廣州博物館藏東漢陶水田模型[1]就反映了當時的耕作水平，再現了漢代珠江三角洲雙夏農忙的情景：剛收割完的稻田已翻土，農民忙於播種、修理農具。陶水田旁有插秧船，反映了珠三角地區以水稻為主的農業特色。從模型可以看出，當時已墾辟出方整的水田，田間有田埂，以便施肥或田間管理。田主要靠人工水渠灌溉，與南方水源充足有很大關係。田內還有縱橫成行的坑穴，說明當時的水稻栽培已注意到行距、株距的疏密佈置。這證明最遲到東漢時期，嶺南地區已有發達的灌溉系統和向精耕細作發展的稻作農耕體系，水田的開墾、稻穀的種植與收割，已形成一定的規模。

廣州出土有不少漢代陶牛，說明在當時牛耕已廣泛應用。牛耕的推廣對農業發展起到決定性的作用，它減輕了人的勞動強度，節省了大批勞力，卻比人工翻土提高了六至七倍的效率，而且牛耕翻土平整均勻，深厚有度，使作物產量提高。另外，廣州出土的漢代陶屋大多設有廁所和畜欄，便於收集肥料，有助於糧食增產。前述水田模型的田間有堆肥，可見當時人們已懂得使用基肥增加地力，以求高產。另外，漢代廣州已經普遍出現餘糧的儲備。為適應南方多雨潮濕的天氣，當時的倉庫採用干欄式建築，即倉房高架於四根圓柱上，以利於通風防潮。廣州東漢前期墓葬出土的陶倉廩內存放有已碳化的水稻。[2] 這種糧倉的出現，說明儲糧、屯糧已成為當時農業生產的一個重要流程。

由於有利的自然條件，嶺南的蔬菜栽培起源較早，漢代文獻中關於嶺南蔬菜的記錄就有大薯、芋、薑、韭菜、蓮藕、茄子、慈姑、竹筍、芡實、薏米、菱角等種類。嶺南水生植物豐茂繁盛，很早就被培養成人工栽培的蔬菜，如慈姑、菱角、芡實等。這些蔬菜營養豐富，澱粉含量高，既可充飢，又可作佳餚。《廣志》記「菰可食……生南方」，說明慈姑在漢代已經作為蔬菜食用。《後漢書．馬援傳》記載嶺南芡實既可利水，又可輕身。又有《異物志》記載「石髮：海草，生海中石上……以肉雜而蒸之，味極美，食之近不知足」。

兩廣地區漢墓出土的五穀雜糧和果類非常豐富，且已與其他地區有物種交流，大批的嶺南佳果作為朝貢品源源不斷地往外輸出，在《西京雜記》中記載了南越王趙佗把荔枝獻給漢高祖一事。除了四大佳果外，椰子、甘蔗也是南方有名的水果，佛手、柚子、橄欖、烏欖、楊梅、桃、李、人面子、酸棗等，亦為人們喜愛的果品。廣州漢墓中有不少陶多聯罐出土，裡面就有上述各種果核的遺存，如廣州西村五聯罐出土時還尚存梅核。[3、4]

西漢中後期，嶺南農業發展迅速，需要大量畜力和廄肥，推動了畜牧業的發展，南越人逐漸從採集和狩獵轉向農耕生產和禽畜飼養。這一時期出土的器物中，陶屋模型多設有專門餵養禽畜的空間，畜牧業成為每個家庭必不可少的副業，所以各種豬、牛、羊、雞、鴨、鵝等動物俑較為多見。[5] 這一時期的遺蹟中發現了大量豬骨和陶豬，可見豬的飼養最廣泛，無論是原住越人還是南遷漢人，都以豬為主要肉食來源。從陶豬的造型看，當時已經育出耳小、身肥、頭短、品質優良的華南豬。廣州博物館藏東漢陶豬中公豬和母豬皆有，一母豬身上還附有三隻在吃奶的小豬，反映了漢代廣

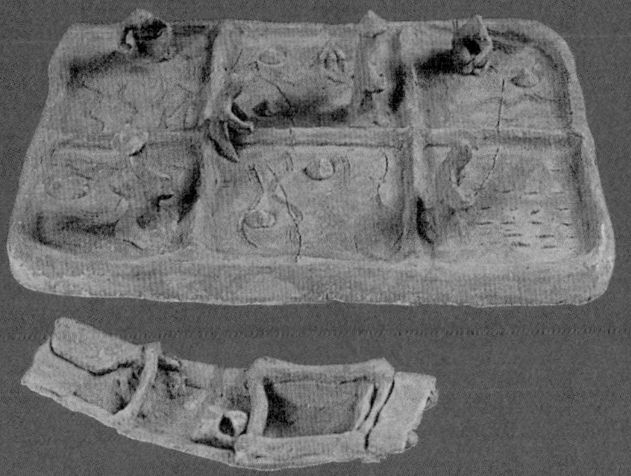

1 陶水田
東漢
一九六二年廣東佛山瀾石出土

2 陶倉（上）、陶囷（下）
東漢
廣州博物館藏

州地區對動物的繁殖和飼養已經具有良好的經驗。

選材廣博　奇雜精細

受限於農業生產水平低下，古越族的主糧產量無法滿足生活需求，於是他們便從優越而獨特的自然環境中拓展食料資源，無論是水果、昆蟲還是貝類，都成為其飲食原料的重要組成部分。即使到了秦漢時期，嶺南地區的耕作技術大為提升，糧食產量提高，粵人還是保留了取料雜博、無所不食的飲食習慣。南越王墓和南越王宮署遺址出土了大量動植物遺存，其中有雞、豬、鱉、魚、河蚌、梅花鹿等 20 種動物，另有粟、冬瓜、甜瓜、烏欖等 40 種植物，反映出當時嶺南地區多樣的植物生態和飲食結構。

廣州河網密佈，瀕江臨海，水產豐富，南越先民因地制宜，從江河和海洋獲取食物。《博物志》云：「東南之人食水產⋯⋯食水產者，龜蛤螺蚌以為珍味，不覺其腥臊也。」事實上，廣州人在長期嗜食海鮮的過程中，總結出去除腥臊的方法。各種魚、蛤、螺、龜、鱉、蚌、牡蠣、蜆等是越人喜愛的水生動物品種，這種飲食習慣一直影響至今。嶺南人喜食海鮮、善於烹製海鮮聞名全國。廣州漢墓出土的海產魚類等就有楔形斧蛤、泥蚶、青蚶、筍光螺、河蜆、蝦、大黃魚、鯉魚、花龜、鱉等。[6、7]

早在兩千多年前的漢代，南越地區即有食蛇的風俗。《淮南子》記載：「越人得蚺蛇，以為上肴。」越人善於烹製蛇肉，並一直影響至今，近代廣州城內出現過專製蛇羹的食肆。

野鳥於越人來說是美味佳餚，如鷓鴣，《異物志》有「其肉肥美，宜炙，可以飲酒，為諸膳也」的記載。考古發現南越王儲放炊具與食物的後藏室中的三個陶罐裡，有大量禾花雀（學名黃胸鵐）碎骨骼，估計有 200 隻的分量，這些碎骨架中混有炭粒，顯然是經過南越御廚的加工處理。[8] 禾花

3 陶雙聯罐
西漢
廣州博物館藏

4 陶五聯罐
西漢
廣州博物館藏

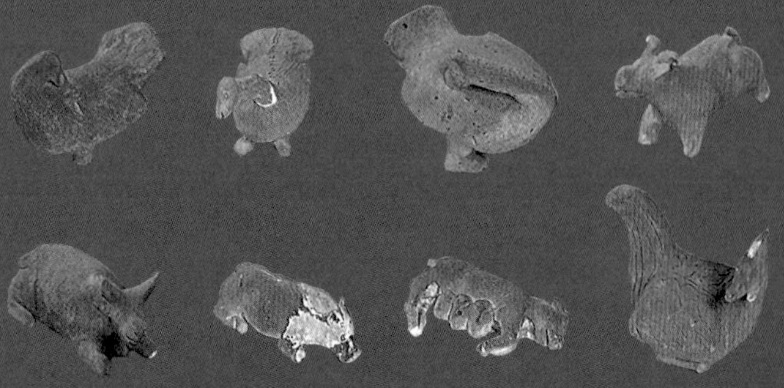

5 陶動物俑（羊、牛、鵝、鴨、雞、豬）
東漢
廣州博物館藏

6 南越王墓出土的青蚶、楔形斧蛤
南越王博物院藏

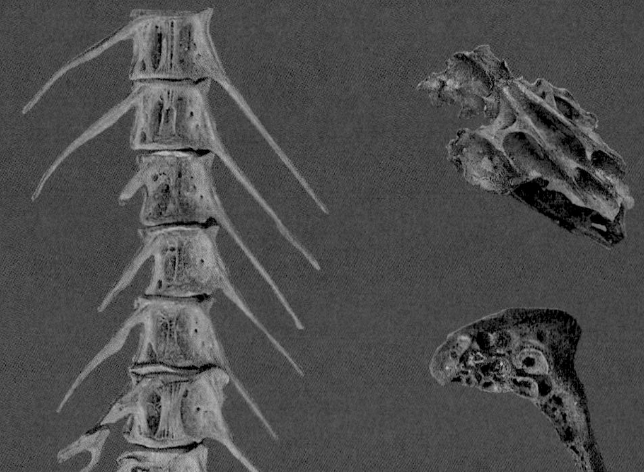

7 南越王墓出土的水產動物遺骨
南越王博物院藏

雀南遷時，沿途啄食正值秋天灌漿期的稻穀，因此肉厚膘肥，富含蛋白質，一直被本地居民大量捕食。廣州博物館藏民國菜單裡仍有名為「焗禾花雀」「炸禾花雀」的菜餚。當然，如今禾花雀被列為國家一級重點保護野生動物，我們不可能再捕食。

廣州地處亞熱帶、熱帶，光熱資源充足，適宜種植各類瓜果。南越先民在栽培種植五穀的同時，也開始進行野菜、野果的人工栽培，開闢植物性的佐食食源。交通的發展和對外貿易的繁榮也促進了廣州與各地物產之間的交流，極大地豐富了本地食材。漢代廣州人種植的蔬果或調味料就有荔枝、橄欖、柑橘、桃、李、甜瓜、黃瓜、葫蘆、楊梅、酸棗、人面子、柚、柿子、薑、花椒等，當時肉羹中還配有筍、芋、豆等素菜。[9]

因材施藝　烹調有度

《史記・貨殖列傳》記載：「楚越之地，地廣人稀，飯稻羹魚，或火耕水耨。」即嶺南地區是以煮飯、煮粥、烹魚、煮菜為主。秦漢以前，嶺南地區先民的烹飪方法以蒸煮法為主。

西漢時期，人們除了將稻米煮成乾飯或粥外，還懂得將米磨成粉，加工成麵條狀食用。東漢時已經摸索出以稻米為主食的多種食法。廣州景泰坑出土的陶舂米俑和簸米俑[10]展示的正是漢代嶺南地區常見的糧食加工場景：一人持杆對臼而舂，將水稻去殼；一人揚箕以簸，將稻殼篩出，使米與穀殼、米糠分離。這種糧食加工方法沿用了兩千多年，20世紀八九十年代廣州郊區農村仍用杵臼加工穀物。

兩漢時期，入粵的中原人帶來了中原的炊具，使嶺南飲食出現了漢化的過程。漢代的厚葬之風，使我們可從墓葬出土的眾多明器炊具和食具中，窺見兩千多年前嶺南人的烹飪方式。

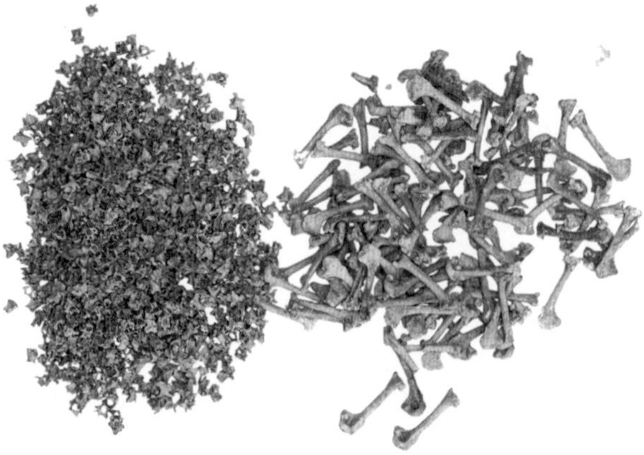

8 南越王墓出土的禾花雀殘骸
南越王博物院藏

9 第一排：李子核、花椒、橄欖、烏欖
第二排：酸棗核、梅子核、人面子、欖核
東漢—廣州博物館藏

銅鍪原是巴蜀文化的產物，秦滅蜀後，統一嶺南時把這種炊具帶到了廣州。廣州博物館藏秦代銅鍪為已發現的、嶺南地區最早的銅鍪。其體形碩大，單耳，是戰國時期常見的耳環樣式。[11] 南越王墓和貴族墓出土了不少雙耳銅鍪，內有豬骨、雞骨、魚骨、蛋殼、青蚶、龜足等物，器底多有煙炱痕，有的附有鐵三足架，有的還放有銅勺，可證明其具有煮食功能。

廣州地區出土的大量兩漢時期的炊具和食具，主要還有鼎、釜、鍋、甕、鈁、壺、多聯罐、匏壺、耳杯、碗、豆、案等，說明當時的飲食器製作趨向精巧、細緻，功能進一步分化，同時更講究器具的配套使用，表明了當時嶺南飲食水平有很大的提高。如釜上架有箅孔的甑，下設三足爐腳組合而成的甗，就是用於蒸食物的。

越式銅鼎是最具嶺南本土特色的炊具。這種鼎器身一般素面無紋，有盤口鼎和深腹鼎之分，有對稱的雙立耳，三足為扁圓形，高足向外撇。銅鼎敞口狀，防止粥湯外溢。這種炊具可煮飯、熬湯、煮粥，用途較廣，不必壘灶，可直接在下面燒火。[12] 南越王墓出土的部分銅鼎底部有煙炱痕，證明了它是實用的炊具。

廣州博物館藏有一越式陶鼎[13]，鼎口別出心裁，邊沿上特製一條唇形水溝，既能使沸騰的液體不致溢出，灌水時又能防止蟲蟻爬進鼎內。腹部刻篆字「食官第一」，「食官」為王室中掌管膳食的官名，「第一」為編號。另外，廣州市北郊漢墓出土陶甕有「大廚」戳印，這是「大廚」首次見於文物之上，應當是南越國少府專門為廚官署監造。

另外還有夾砂陶釜、鼎、罐，這三種炊具下連三空足，與火接觸面大，易使水煮沸或將食物煮熟。鍪、鼎、釜、鍋等的大量出土，直觀證明了蒸煮在漢代時就是廣州烹飪的主要方式之一。

此外，漢代嶺南人也懂得煎和烤。南越王墓出土有一件銅煎爐，分上下兩層，上層如淺盤，底層有煙炱痕，類似今天的鐵板燒。南越王墓還出土有銅烤爐[14]，其中一件的爐壁上有四頭小乳豬，豬嘴朝天；當中是一長方小孔，可用來插放燒烤的用具。出土時烤爐旁邊的一銅鼎內，還發現有豬骨，可見這個烤爐是專門用來燒烤乳豬的。烤乳豬源於西周，時稱「炮豚」，屬「八珍」之一，如今烤乳豬在原產地北方失傳，唯獨在粵菜中流傳下來，粵人將其發揚光大並廣為流傳。

10 陶簸米俑（左）、陶舂米俑（右）
東漢
廣州博物館藏

11 銅鍪
秦
廣州博物館藏

12 越式銅鼎
西漢
廣州博物館藏

13 越式「食官第一」陶鼎
東漢
廣州博物館藏

14 銅烤爐
西漢
南越王博物院藏

15 陶篕
西漢
廣州博物館藏

16 陶灶
東漢
廣州博物館藏

西漢後期，陶簋在廣州開始盛行，常與溫酒樽、壺、盒等同置，主要用於盛黍、稷、稻、粱等。兩廣地區的簋有一特點，口沿高唇外侈，唇壁鏤空，相對面都有兩個圓孔，大概是用來插竹、木筷子，讓蓋子架起來，不至於蓋密之後簋內剩飯剩菜變餿變質。[15]「簋」字在今粵語中仍通用，有「九大簋」之說，意為設宴盛情款待客人。粵方言中仍有不少飲食方面的古漢語流傳至今：先秦古籍中稱豬脊兩旁嫩肉為「脄（音同枚）肉」，後來「脄」字被淘汰，中原人稱「裡脊」，但嶺南仍用「枚」字假借，稱「枚肉」；先秦文獻形容肉之肥者為「肥腯」，嶺北早已棄用，但今天廣東人見到肥肉，就叫「肥腯腯」。由這些例子可見早期南北飲食文化的交流和粵菜歷史的源遠流長。

漢代嶺南灶具的改革最為典型，早期灶具煙突短，灶身短，灶台上多列兩個灶眼，灶門寬大敞開；中期的灶具灶身加長，鍋眼增多，蒸食、煮飯、煮水可以同時進行。灶門縮小，以利扯風，煙突增長，以加強對灶膛進風。灶門還加砌了灶額，以阻擋煙灰飛上灶台。晚期的灶更注意利用熱能，代表性的文物如廣州博物館藏東漢陶灶，灶身呈長方形，上置二釜一鍋。灶後有龍首形煙突，灶門拱形，地台左側有一俑，執扇搧火，右側一狗蹲坐。灶身兩壁間各附三口水缸，利用灶膛熱力溫水，是漢代嶺南人對熱能的認識和充分利用的最好例證。[16]

至味清歡

唐宋老廣的五滋六味

三國兩晉南北朝以來，北方人口大量南下，為南方帶來了先進的農業生產技術。伴隨著勞動力的增加，南方大面積的林莽地區不斷得到開發，其天然的農業優勢逐步顯現，至隋唐時嶺南經濟發展進入新的階段。五代十國時期，嶺南地區因山海阻隔，遠離中原，形成了短暫的穩定局面，南漢政權下的廣州社會經濟和文化持續發展。

北宋統一中原後，政府推出了一系列促進農業生產的政策，嶺南農業經濟有了更大的進步。北宋末年及以後，隨著北方士民大量南遷以及海貿交通的持續繁榮，再加上唐宋時期不少名人在嶺南為官或遊歷，使中原和海外食材、烹飪技術流入嶺南，大大豐富了粵菜菜系的內涵。嶺南的飲食經過因地制宜的改造和創新，形成獨樹一幟的南食。

廣南飲食的嬗變

南北農作物的交流，促進了嶺南地區優良品種的推廣，改善了廣州人民的飲食結構。宋代北人南遷，仍保持麵食習慣，麵粉需求量較大。北宋時期重視農業，為防止乾旱和解決糧食不足，政府下令包括嶺南在內的南方諸州種植北方的粟、麥、豆、黍等旱生作物，「官給種與之，仍免其稅」，適逢當時中國氣候進入寒冷期，嶺南春溫偏低，於是出現「競種春稼，極目不減淮北」的現象。小麥在嶺南的種植，促進了嶺南麵食、餅類等食品的盛行，當時嶺南餅類竟達十幾種之多，其中米餅為廣州特產。

除主食之外，唐宋時期嶺南地區菜餚多由河鮮海味、山珍野味、水果酒類構成。唐人還記載嶺南婦女尤擅水果雕刻，把水果加工成花鳥、瓶罐結帶等藝術造型。在宋都京師，王公貴族舉行家宴時，一般都會擺放南粵女工製作的水果拼盤，皆因這種拼盤不僅清香撲鼻，味道甜美，而且造型奇特。

隨著歷史的發展，廣府地區的果蔬品種更加豐富。「一騎紅塵妃子笑，無人知是荔枝來」「日啖荔枝三百顆，不辭長作嶺南人」等名句讓嶺南佳果無人不曉。當時作為經濟作物的水果，種植面積有所擴大，商品化程度也不斷提高。唐宋時期文人對嶺南地區飲食的記載不乏水果的史料，如唐代劉恂《嶺表錄異》云：「廣州凡磯圍、堤岸，皆種荔枝、龍眼，或有棄稻田以種者。田每畝荔枝可二十餘本，龍眼倍之。」南宋莊綽《雞肋編》提到柑橘的種植：「廣南可耕之地少，民多種柑橘以圖利。」此外，西瓜也於南宋初期渡淮南下，傳入嶺南並廣泛種植。

廣州市文物考古研究院藏有一組出土於南漢康陵遺址的嶺南佳果像生祭品，有蕉、雞心柿、菠蘿、桃子、木瓜、荸薺、慈姑。[17]

這些水果中，嶺南本地栽培的有蕉、雞心柿、桃子、荸薺、慈姑。蕉是

17
陶製嶺南佳果像生祭品
南漢
廣州市文物考古研究院藏

嶺南四大名果之一。據南宋周去非《嶺外代答》記載，當時嶺南種植有芭蕉、雞蕉和芽蕉三種食用蕉，其中芽蕉「尤香嫩甘美，南人珍之，非他蕉比」。荸薺，又叫馬蹄，自西漢時已有關於它的栽培記載，目前有20餘個主要品種和一些變種，除高寒地區外，幾乎分佈於全國各個省份，而經濟栽培則主要在長江流域及以南地區，味道甘美。慈姑，原產於我國東南部，富含維生素和礦物質鉀、鈣以及食物纖維，蛋白質也較豐富。

荸薺和慈姑又與另外三種植物——蓮藕、菱角、茭筍並稱為廣州的「泮塘五秀」。舊時提起廣州特產，很多老廣州人都會想到泮塘五秀。這五種水生作物是在廣州昔日「一灣春水綠，兩岸荔枝紅」的水鄉塘基環境之中生長出來的，極具廣府特色，在天災戰亂時期，五種作物曾經是廣州人的救命糧食。

泮塘位於廣州城區西部，範圍大約是今天的泮溪酒家、荔灣湖公園以及龍津西路、泮塘五約一帶。這裡原是南漢的西御苑舊址，是舊時的珠江灘地，地貌「半是池塘半是窪地」，因此俗稱「半塘」。在古代，人們稱學宮為「泮宮」或「泮水」，入學宮讀書稱為「入泮」。為圖吉祥，清乾隆年間，人們把帶著鄉土氣息的「半塘」改為部首有三點水的「泮塘」，字變音不變，寓意美好、文雅。作為沼澤和灘塗沖積地，泮塘地區在農耕社會時期種植五穀，難得豐收，可以說是地瘦人貧，但在這種環境下，荸薺、菱角、慈姑、蓮藕、茭筍等水生作物能夠繁茂成長，並成為這裡的特產。土地貧瘠，這些賤生賤養出來的東西曾被人們嘲諷為「五瘦」。不過，當這「五瘦」揚名之後，人們發現它們具有香秀、翠秀、甘秀、清秀以及芳秀的特點，又將這五種特產稱為「泮塘五秀」。由「瘦」到「秀」的轉變，奠定了泮塘五秀老廣州土特產的地位。

在廣府人的生活之中，泮塘五秀具有獨特含義，寓意吉祥，歷來受廣州人喜愛。逢年過節，少不了泮塘五秀。人們根據它們的外形以及內涵，各有指代，慈姑象徵添丁，菱角象徵添財，茭筍象徵好運，荸薺象徵高升，蓮藕則象徵連生貴子。

出土的七種像生佳果中，除了本地栽培的品種外，還有菠蘿和木瓜兩種是從國外引進的。菠蘿，原名是鳳梨，原產南美洲，是嶺南四大名果之一，最早的確切記載，見於清初吳震方的《嶺南雜記》，但該像生菠蘿的出土說明其在南漢時期就已傳入廣州，其芽苗耐儲運，有可能隨著番舶漂洋過海至嶺南；廣州種植的木瓜為番木瓜，也是嶺南四大名果之一，原產中美洲，傳入中國的時間可推至唐代，現廣東各地均有栽培，而以廣州市郊最為集中。

隨著廣州通海夷道的繁榮，唐代在廣州設市舶使，總管嶺南海路外貿，來廣州僑居的外國商民多達 20 萬人。如今廣州的海珠中路和光塔路一帶，即為唐代廣州的蕃坊，胡人蕃客，往來頻繁，將異域的蔬菜送上廣州人的餐桌，使廣州的飲食得以和各地飲食進行廣泛的交融。傳入嶺南的菠菜、芹菜、黃瓜、胡蘿蔔、苦瓜、蘆筍、丁香、肉桂、胡椒、甘草、薑黃、茯苓等，為嶺南飲食的發展提供了豐富的原料，使美食品類更繁多，特色更為鮮明，以廣州為中心的粵菜在繼承傳統的基礎上博採眾長，以「南食」之名見稱。

烹食求鮮　食養應時

嶺南背山面海，具有豐富的動植物資源，原料的豐富一定程度上也促進了烹飪手法的多樣，因此嶺南地區有著崇尚烹調技藝的民俗民風。唐代時，初步形成了煎、炒、爆、燒、炸、焗、蒸、煮、煲、醃、滷、臘等十多種粵菜烹調方法，講究清、爽、淡、香、酥。兩宋旅粵人士在詩文中記載了嶺南螃蟹、蛤蜊、生蠔等河鮮海鮮的烹飪方法和味道，如南宋周去非在《嶺外代答》中記述了他所觀察到的嶺南人煎嘉魚不下油的技巧。唐宋時期古籍記載的嶺南菜餚有「蝦生」「生油水母」「烏賊魚脯」「燒毛蚶」「五味蟹」「炙黃臘魚」等。

廣州氣候炎熱，夏秋漫長，冬春短暫，因此廣府菜追求清淡的口味，清中求鮮，淡中取味，嫩而不生，滑而不俗。在烹飪手法上，嶺南人盡量保持食物的鮮、嫩、爽、滑。如楊萬里《食蛤蜊米脯羹》中所述，蛤蜊米脯羹製作時直接用米脯蒸煮，不添加任何調料，口感鮮美、風味獨特；在烹煮海鮮河鮮過程中，廣府人適當運用酒糟和薑等佐料，並十分注重火候的掌握和手法的精細，既能去腥，又能保持肉質的脆嫩口感，以追求食物原本的鮮美味道。[18]

藥食同源一向是中國飲食文化的重要特色。嶺南地區氣候濕熱，瘴氣較重，當地人易患疾病，壽命較短；魏晉以來，在葛洪和鮑姑的推動下，嶺南醫學迅速發展，兼受道教文化「飲食以養其體」、「飲食以時調之」、服

食藥餌的影響，嶺南人很早就有將飲食與養生結合的觀念和習俗，隨時令季節的變化探索出有營養又具保健功能的飲食。此外，佛教在粵的傳播，也為嶺南飲食文化帶來了新面貌，廣州作為禪宗南派的發源地，素菜系開始流行。

受飲食養生的影響，廣州人在飲食方面比較講究，炎熱季節時食用清淡生津的菜餚，天氣稍冷的冬天，菜式可稍微濃郁一點，並注重滋補的功效。唐代時廣州就有專用於孕婦及胎兒補養的「團油飯」，也已經食用檳榔以「祛其瘴癘」。廣州至今所保留的嗜食白粥、嗜好飲茶、服藥膳湯、烹調多用蒸灼等手法，也是形成於唐宋時期。

位於今天廣州市教育路的藥洲遺址，原為南漢皇室御苑。南漢開國皇帝劉龑利用原來的天然池沼，鑿長湖五百丈（約合今 1,600 米），史稱西湖或仙湖。西湖中有一島，劉龑集道教煉丹術士在此煉製「長生不老」之藥。島上栽植紅藥，故稱藥洲，宋時成為士大夫泛舟遊娛之所。廣州博物館藏「藥洲」題刻拓片正是米芾於北宋熙寧六年（1073）南遊粵東時在西湖石

19 蘇六朋
清代
《藥洲品石圖》卷軸

18 青釉印蓮瓣紋蓋盅
宋代
廣州博物館藏

上所題真跡。[19] 嶺南人喜愛食材入藥、食材入酒、服藥膳湯、飲涼茶，與道教的服餌養生有著一定的聯繫。

廣州人善於採用各類食材，葷素搭配，注重營養功效，蔬菜和水果在餐飲中所佔分量一般多於其他地區，以之烹製的菜式也五花八門，成為每天飯桌上不可或缺的食材。像前述所提到的南漢時期的蔬果也可用於養生調節，例如蕉類具有潤腸通便、降低血壓、防止血管硬化等功效；葧薺可開胃、消宿食；慈姑具有健胃止咳、清熱涼血的作用；菠蘿可清暑解渴、消食生津；木瓜有助於消除體內有毒物質，增強人體免疫力。

佳饌世傳

明清省城美食擷萃

明清時期，隨著桑基魚塘技術的發展，促進了珠江三角洲地區漁業和禽畜養殖業的發展。經濟作物的種植面積增長，農產品和手工業產品商品化程度的提高，推動了地方市場繁榮和城鎮化程度提高，從而促進了廣州飲食業的發展。廣州城西有多處農副產品集散地，街道也以所販賣的商品命名，如「豆欄街」「雞欄街」等。廣州成為珠江三角洲糧油副食的交易中心，市場上飲食資源充足，中外商賈雲集，服務行業內競爭激烈，為廣州飲食進一步精細化和品牌化提供了沃土。

器成天下走

「工欲善其事，必先利其器。」研究廣府人對餐飲美食的講究，自然不能忽視其對炊具食器的考究。鍋是嶺南地區最常用的炊具之一，使用歷史可追溯至兩漢。當今粵語仍沿用古漢語詞「鑊」來指代鍋，「鑊」也常見於粵語俚語，如「孭鑊」（粵語，背黑鍋）、「一鑊熟」（粵語，同歸於盡），可見其在嶺南人生活中的地位。然而，明代廣府地區所產的一種網紅「大鑊」，與今之「大鑊」（粵語，大事不妙）不可同日而語。

這種聞名海內外的鐵鑊就是廣鍋，它出自手工業重鎮廣東佛山，因佛山在明代屬廣州府南海縣管轄，故佛山產品銷往省外市場均冠以「廣」字，以別其他產地。廣鍋行業「向為本鄉特有工業，官准專利，製作精良，他處不及」。在明代，內官監需要的御鍋、兵部需要的軍鍋和工部需要的官鍋，均長期在佛山採辦。廣鍋種類豐富，據清代屈大均《廣東新語》記載：「有耳廣鍋，大者曰糖圍⋯⋯無耳廣鍋，曰牛魁、清古等。」明代市場上最暢銷的是二尺廣鍋和三尺廣鍋。廣鍋還是草原遊牧民族的緊俏商品，更是鄭和下西洋的隨行國禮，明代在南海諸地中是國家品牌產品之一。

至明清，嶺南醫籍漸增，食養結合的思想對廣州飲食的影響愈深，體現在器具上便是犀角製品的使用。明末至清初，犀角製品的使用進入較為繁盛的階段，大概與整個社會風氣趨於奢靡，宴飲娛樂增多有關。廣州作為海貿便利的商港，犀角進口便利，當時流行把犀角製作成杯盞，是由於犀角杯盛酒散發的特殊香氣可助酒興，更重要的是犀角具有清熱解毒、定驚止血的藥性。[20] 由犀角杯的使用可見嶺南人賦予其吉祥的寓意和追求長生的意願。如今家喻戶曉的老字號涼茶王老吉的「祖傳秘方」亦發源於清道光年間，也正是對注重食療結合養生哲學的傳承。

飛潛動植皆可口

民國徐珂的《清稗類鈔》有云：「粵東食品，頗有異於各省者。如犬、田鼠、蛇、蜈蚣、蛤、蚧、蟬、蝗、龍虱、禾蟲是也。」廣府菜在食材選擇方面，素來不拘一格，無所不食，正所謂「計天下所有之食貨，粵東幾盡有之；粵東所有之食貨，天下未必盡有之也」。粵菜有「三絕」，一曰炆狗，二曰焗雀，三曰燴蛇羹，是「飛潛動植皆可口，蛇蟲鼠鱉任烹調」的最佳體現。

廣府地區瀕臨南海，城內珠江水系縱橫，盛產河鮮海味，一年四季都不乏食材。廣府俗語有云，寧可三日無肉，不可一餐無魚。廣州人吃魚，有生吃和熟吃之分。屈大均在《廣東新語》中道：「凡有鱗之魚，喜游水上，陽類也，冬至一陽生，生食之所以助陽也。無鱗之魚，喜伏泥中，陰類也，不可以為膾，必熟食之，所以滋陰也。」廣州人在長期食用魚肉的過程中總結了不少食諺，如「春鯿，秋鯉，夏三黧」「鱅魚頭，鯇魚尾，三黧肚，鯉魚鼻」等，不僅道出了什麼季節適宜吃什麼魚，還點出了吃哪種魚的哪個部位最佳。

廣府人吃魚生頗為講究。所謂夏至犬肉，冬至魚生。李調元《粵東筆記》中提到魚生的重要性：「粵東善為膾，有宴會必以魚生為敬。」屈大均在《廣東新語》中詳細記述了魚生的食用方法：「以天曉空心食之佳，或以鱔之烏耳者、藤者、黃者為生。」「粵俗嗜魚生……鯇又以白鯇為上，以初出水潑剌者，去其皮劍，洗其血腥，細劊之為片，紅肌白理，輕可吹起，薄如蟬翼，兩兩相比，沃以老醪，和以椒芷，入口冰融，至甘旨矣。」「雪鯪以冬為肥……生食之益人氣力，鱸、鯿、鯧、塘鯴亦可膾，然食魚生後，需食魚熟以適其和，身壯者宜食。」如此繪聲繪色，可見這位「嶺南大家」也是魚生愛好者。從對魚的認識到烹製成佳餚，廣府人都可以說是佼佼者。[21]

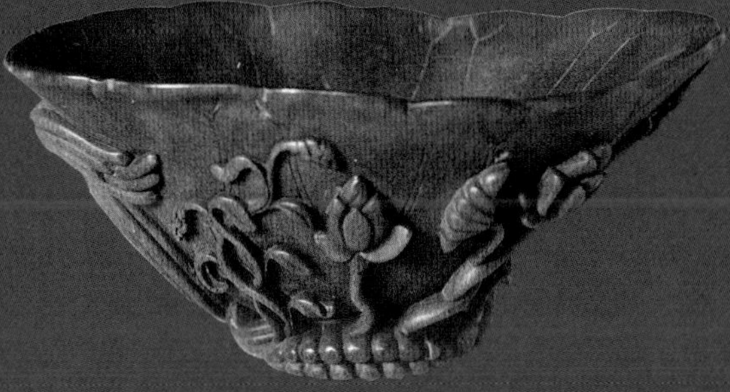

20 犀角杯
明代
廣州博物館藏

21 廣彩描金紋章紋長方倭角形魚盤
清代
廣州博物館藏

在清代廣州，如果要品嘗最新鮮當造的河鮮海味，方志、文學作品都不約而同地提到廣州珠江南面的漱珠橋。[22] 崔弼《白雲越秀二山合志》云：「（漱珠）橋，在河南，橋畔酒樓臨江，紅窗四照，花船近泊，珍錯雜陳，鮮蕘並進。攜酒以往，無日無之。初夏則三鯬、比目、馬鮫、鱘龍；當秋則石榴、米蟹、禾花、海鯉。泛瓜皮小艇，與二三情好薄醉而回，即秦淮水榭，未為專美矣。」乾嘉年間李遐齡有詩曰：「蜑女風中捉柳花，漱珠橋畔綠家家。海鮮要吃登樓去，先試河南本色茶。」另一首竹枝詞則寫道：「斫膾烹鮮說漱珠，風流裙屐日無虛。消寒最是圍爐好，買盡橋邊百尾魚。」

這些詩作，創作年代從清中葉一直延續到清末，可見漱珠橋畔的海鮮酒樓之盛跨越近百年。至今有文物可考的廣州最早的茶樓，是始建於清乾隆十年（1745）的成珠樓，就在漱珠橋東側。此地在清代有幾個大集市，從東至西依次是福仁市、漱珠市、岐興市。成珠樓所在的漱珠市正處在各集市的中心。此外，名剎海幢寺和成珠樓近在咫尺，遊客甚多。得天獨厚的地理位置，是成珠樓得以發展且經久不衰的有利因素和主要原因。

而在明清時代，鴨肉在廣州人餐桌上是凌駕於雞鵝之上的首選禽肉。據明代廣府名臣霍韜稱：「天下之鴨，廣南最盛。」霍氏在明洪武初年，以養鴨起家，人稱「霍鴨氏」。明初南海養鴨之家相當普遍，不少人靠此獲取暴利。廣州地區河網密佈，適宜水禽類動物的養殖。尤其是廣州近海，每年上岸的蟛蜞（小螃蟹）對禾苗造成了的危害嚴重，養鴨以食蟛蜞，則可保護禾苗，減輕農害。洪武年間，廣州地區已經有專門以船載鴨的養殖模式，並且養鴨有埠，埠主統一規定以船載鴨放養的時間和地點。[23]

明清時期，廣州地區的養鴨業已達到較大的規模。來粵的「番鬼」們也對廣府養鴨業的興盛感到驚歎。葡萄牙人克路士大約在 1556 年冬到廣州，他發現遊蕩在珠江的鴨船，普遍養著二三千隻鴨子。每天天亮後，鴨子

22 漱珠橋舊照 清末

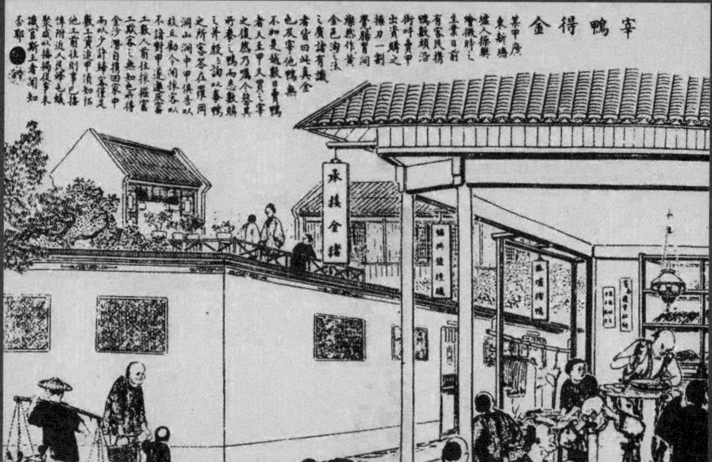

23 《舊聞日報》上描繪的晚清廣州增城新塘宰鴨得金傳聞

離開鴨船，前往稻田覓食，因數量太多，下船時總是一隻翻滾到另一隻身上。國小民稀的葡萄牙可沒有這等場面，克路士將之形容為「奇觀」。1784 年 8 月，著名的「中國皇后號」從黃埔村駛向廣州城，一位船員描述沿岸惹人注目的寶塔和寺院時提到，「鴨船被拖進稻田，船上可以看到數以千計的鴨子，有專門的人在照看牠們」。

清代廣州外銷畫中展示了漁民利用設有鴨排的鴨船進行鴨的大規模養殖的場景。[24] 屈大均在《廣東新語》中記錄了清初廣州養鴨和種稻互為促進：「廣州瀕海之田，多產蟛蜞，歲食穀芽為農害，惟鴨能食之。鴨在田間，春夏食蟛蜞，秋食遺稻，易以肥大，故鄉落間多畜鴨。」至於鴨肉，他補充道：「廣州每北風作，則鹹頭大上。水母（海蜇）、明蝦、膏蟹之屬，相隨而至。鹹積於田者，其泥多半成鹽。鴨食鹹水而不肥。」「當盛夏時，廣人多以茈薑（嫩薑）炒子鴨，雜小人面子其中以食。」當時養殖戶多，鴨肉產量大，導致鴨子在市場上售價很低，番禺鴨肥且大，數量多，供應廣州有餘，或加工醃為臘鴨，銷量極好。康熙時吳震方的《嶺南雜記》記載了一道粵式醃鴨。當時粵鴨以南雄鴨最為知名，被稱為「雄鴨」，鴨嫩且肥，老百姓醃製後，以麻油漬之，暢銷於廣州，「日久肉紅味鮮，廣城甚貴之」。

清代中後期，廣州西關「肉林酒海，無寒暑、無晝夜」，珠江金粉粼粼，畫船相連，紙醉金迷，美食精饌也隨之更加精進。每到夜間，花艇開始密佈珠江，艇上皎如白晝，笙簫喧沸，曲罷入席，只見「珍錯雜陳，烹調盡善，鴨臛魚羹，別有風味」。[25、26] 舊時多泊於大沙頭河面的紫洞艇，菜餚追求小巧之趣，頗有家廚風格，烹調時充分利用鴨肉，能做到一鴨三味：用一半配冬瓜燉湯，用一半起肉配菠蘿炒片，剩餘鴨骨酥炸後搗成細末，加入肉蓉，做假鷓鴣鬆。另外在西關寶華正中約街口，有遠近馳名的萬棧掛爐鴨，清光緒年間胡子晉《廣州竹枝詞》云：「掛爐烤鴨美而香，卻勝燒鵝說古岡。燕瘦環肥各佳妙，君休偏重便宜坊。」萬棧燒鴨不僅味

24
鴨船（通草水彩畫）
十九世紀
廣州博物館藏

25
遊船（通草水彩畫）
十九世紀
廣州博物館藏

26 廣州西關荔枝灣燕珍居茶樓
清末民初

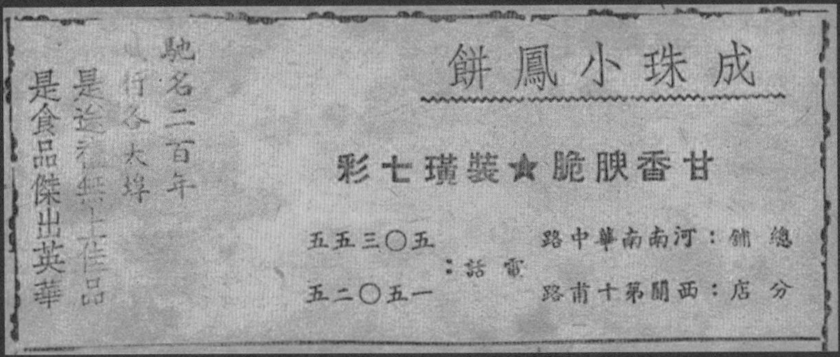
成珠小鳳餅
甘香脆腴★裝璜七彩
總鋪：河南南華中路
分店：西關第十甫路
電話：
五〇三五五
一五〇二五
馳名二百年
行各大埠
是送禮無上佳品
是食品傑出英華

27《廣州大觀》上的成珠小鳳餅廣告
一九四八年

道好，包裝也很見心思：凡顧客購買燒鴨，無論數量，均將切件整齊的燒鴨盛於缽內，淋上鴨汁，再包上荷葉，挽以草繩。這樣的包裝既美觀又方便顧客攜帶，時人稱之「缽仔燒鴨」。

真味永流傳

不少流傳至今的廣府美食起源於明清時期，如以豬肉和豬雜為特色的及第粥、以魚片小蝦海蜇為特色的艇仔粥，這兩種廣州最出名的粥，折射出嶺南士文化和漁人家在廣式飲食文化傳播中的作用。

「娥姐粉果」由清光緒年間廣州西關的「上九記」小吃店店員娥姐創製，故以她命名。傳統做法是將蒸飯曬乾磨粉後，與粘米粉和芫荽和勻擀作皮，瘦肉、冬菇、蝦米、冬筍做餡，老抽調味，樣式玲瓏，蒸熟後皮薄透明，餡料爽口鬆散，吃起來不膠口。民國時期廣州中華茶室老菜單中，粉果是每週必上榜的鹹點，餡料有雞粒、蝦、蛤、叉燒等，每週不重樣。以創作者命名的名點還有「小鳳餅」，俗稱「雞仔餅」，出自女工小鳳之手。她是成珠樓主人伍紫垣家中婢女，心靈手巧，把家中常儲的惠州梅菜連同五仁月餅餡搓爛，加上胡椒粉做成圓形小餅，用火烤至脆，其味獨特，香脆無比。該餅成名於清咸豐五年（1855），1914 年獲准商標註冊專利，20 世紀二三十年代屢獲榮譽。從此成珠樓小鳳餅享譽省港澳，一些外國友人和華僑也把小鳳餅視為中國餅食的珍品。小鳳餅配方保密了百餘年，直至 1959 年才公開，可見當時廣州茶樓對自家特色名點的品牌保護意識。小鳳餅被商業部編入《中國名菜譜》內，至今仍然是廣府地區常用的嫁女餅之一。[27]

饕餮盛宴

近代「廣味」如何煉成

晚清以後，廣州作為得風氣之先的城市，近代化的步伐走在全國前列，大大推動了飲食業的發展。清光緒年間，南海人胡子晉在《廣州竹枝詞》中寫道：「由來好食廣州稱，菜式家家別樣矜。」辛亥革命以後，隨著地區間交往的增多，人員流動的頻繁，帶來了飲食文化的交流與碰撞，也促進了近代粵菜的創新與發展，使粵菜逐漸形成自己獨特的風格和體系，日臻成熟。

1925 年，《廣州民國日報》在《食話》的開頭寫道：「食在廣州一語，幾無人不知之，久已成為俗諺。」清末至民國時期，廣州飲食文化臻於鼎盛，街頭食肆林立，五步一茶樓，十步一酒家，在中國首屈一指，「食在廣州」揚名四海。

匯合南北　融貫中西

早在商周時期，中國的膳食文化已有雛形，再到春秋戰國時期，南北菜餚的風味就表現出明顯差異；到唐宋時，南食、北食各自形成體系；南宋時期，南甜北鹹的格局形成。清代中國飲食主要分為京式、蘇式和廣式，而魯菜、川菜、粵菜、蘇菜成為當時最有影響力的地方菜，被稱作「四大菜系」。

在此背景下，廣州因其獨特的地理位置——嶺南腹地，人員物資匯集於此，加上廣州是對外交往的門戶，開闢有多條通往海外的航線，在中外文明交匯中不斷發展，形成了獨特的廣式飲食文化。譬如，西漢南越國時期，粵地飲食注入中原風尚，「番禺亦其一都會也」，當地文化兼具海洋（異域）風味。三國孫吳置廣州，「廣州」之名由此開始。東晉以後，廣州飲食進一步融匯嶺北和異域元素，歷唐宋，迄明清，海上風來，終成匯合南北、融貫中西之勢。

近代以後，北方菜與外國菜直接進駐廣州。廣府烹飪技藝立足於本地自然環境、氣候等條件，博採眾長，汲取京都風味、姑蘇名菜、揚州菜和西餐之精華，學習移植並加以改造，融會貫通，自成一格，在中國各大菜系中脫穎而出。至民國時期，廣州城內南北風味並舉，中西名吃俱全，飲食行業分工細緻。

19 世紀下半葉五口通商以後，廣東人蜂擁至上海，從事與貿易相關的工作。居滬粵人短時間內猛增至四五十萬人，配套的粵菜館成行成市地開辦起來，粵菜逐漸征服了上海人以及其他各色移民。最早高度宣揚粵菜的著名人士，當數客居上海的杭州人徐珂。他在傳世名著《清稗類鈔》中對粵菜再三致意，並提升到人文高度，並在《粵多人才》裡說：「吾好粵之歌曲，吾嗜粵之點心。」民國以後，嶺南飲食在經濟與北伐的雙輪驅動下一路高歌北上，在北京以譚家菜與本地的太史菜遙相呼應；在上海以海派粵菜贏得「國菜」的殊榮，將「食在廣州」推向時代巔峰，臻於「表征民國」的飲食至高境界。民國時期，上海許多記者或特約食家，紛紛將在廣州飲食界的所見所聞寫成文章，回滬報道。上海《申報》記者禹公 1924 年底前往廣州，發回了一篇《廣州食話》，開門見山地說，「廣州人食之研究，是甲於全國者」。有賴於海外粵籍華僑，粵菜影響深遠，世界各國的中餐館，多數是以粵菜為主，在世界各地粵菜與法國大餐齊名，國外的中餐基本上是粵菜，因此有不少人認為粵菜是海外中國的代表菜系。

粵菜中的廣府菜，首先選料講究，務求鮮嫩質優，如白切雞要求選用清遠雞或文昌雞，烹製鯧魚要以白鯧為佳，吃蝦則以近海明蝦和基圍蝦為上乘。其次製作精細，烹調獨特，具體體現在刀工和火候上。廣府菜刀法多樣，變化繁多，有斬、劈、切、片、敲、刮、拍、剁、批、削、撬、雕 12 種，通過這些刀法，可將原材料按需要加工成丁、絲、球、脯、蓉、塊、片、粒、鬆、花、件、條、段等形狀，既可適應烹調，也能使做出的菜餚極富美感，色香味俱全。廣府菜的烹製還特別講究火候，行內有「烹」重於「調」的說法，烹製時根據食料性質和做法而採用不同的火候，火力的精準把握，正是高超烹飪技巧的體現。民國時期廣府菜的烹飪方法自成一體，已發展至煎、炸、炒、炆、蒸、燉、燴、熬、煲、扣、扒、灼、滾、燒、滷、泡、燜、浸、煨等 20 多種。民國時期陸羽居菜單的小食滷味就包括了燴、炸、炆、扒、燉等幾種烹飪方法。（見前插頁圖Ⅰ）

有時用同一技法製作同一道菜，也會因火候的大小、用油的多寡、投料的先後、操作的快慢，而使菜餚質量產生較大的差異。多樣的烹調方法靈活運用，使得廣府菜式尤為豐富，在中國飲食文化中獨樹一幟。從一份民國菜單中我們可知，當時單麵食就多達 25 種選擇，其中包括了伊麵、素麵、拌麵、炒麵、窩麵、燴麵、上湯麵、炸醬麵等。（見前插頁圖Ⅱ）

粵港澳地區街知巷聞的伊麵，全稱是伊府麵，據說是由伊秉綬府上創製。

伊秉綬是福建汀州人，乾隆進士，工詩善畫，是一位儒雅風流之士。當年他任惠州知府時，聘用一位姓麥的廚師，此人極善烹飪，後來伊秉綬轉任揚州，麥廚師也跟隨而去，在那裡他參酌採納了江南調製麵點的方法，創製出伊府麵。如今伊麵仍是麵中上品，是廣府飲宴上最後兩道主食的必點麵食。

廣州民國菜單為我們記錄了不少流傳至今的正宗廣味，如各式瓦罉蒸飯（即「煲仔飯」）、化皮乳豬、臘味叉燒、海鮮等。白灼響螺片是其中的代表菜。民國初年《廣州民國日報・食話》讚曰：「海鮮之中，響螺亦著名者也」，「細切作花形，調味深透，又不雜以醬瓜之類，食時略蘸蠔油、蝦醬，不失其真味」。民國菜單上，無論是正餐菜餚還是點心餡料，海鮮都是必不可少的食材，如「炒響螺片」「清蒸石斑」「炒鱔龍片」「鐵扒鱸魚塊」「原盅燉水魚」「煎大蝦碌」等。（見前插頁圖Ⅳ）

民國時期，潮汕風味亦紛紛進入羊城，有特聘潮州名廚精製的「冷脆燒雁雞」「鹹酸菜鵝腸」等菜式美點招徠食客。民國家鄉菜菜單中就有不少閩粵風味的菜式，如「滷水珍肝」「滷水豬脷」「滷水鴨翼」「滷水鵝掌」等。（見前插頁圖Ⅲ）

商舖會館雲集的廣州吸引各地風味的餐舖直接落戶，有北方風味的南陽堂和一品升、姑蘇風味的聚豐園、淮陽風味的四時春、京津風味的天津館和一條龍、上海風味的稻香村、河南風味的北味香和奇香園、湘味的半齋和福來居、四川風味的川味館、山東風味的五味齋等，解放後開業的華北飯店更是集京津、淮陽、川菜風味於一堂。飲食網點主要分佈在惠愛路（今中山五路）、漢民路（今北京路）、長堤、西濠二馬路、西關上下九路、陳塘、漱珠橋和洪德路一帶。[28] 眾多酒家分別派出多批廣東名廚名點心師到全國各地學習取經，也聘請各地名廚名點師來粵展示烹調技藝，互相切磋、交流，如南陽堂的鄧大廚師，原本為京城布政司的專業廚師。位於廣州西關十八甫北的適苑酒家在 1935 年 9 月 3 日的廣州《越華報》刊登廣告時稱「本酒家禮聘港粵滬名廚包辦筵席巧製精良美點」招徠顧客。[29] 在民國菜單中的「龍江燒鵝」「桂林蝦丸」「南安臘鴨」「汾酒牛肉」等菜餚中，可以找尋到全國各地美食的身影。便利的交通也給廣州帶來了天南地北的豐富食材，經羊城巧手廚師的加工，又成了獨樹一幟的名點美食，如「雲腿蘿蔔糕」「梅占椰蓉酥」「西橙汁啫喱」等。

在與各地的美食交流中，廣州受江浙地區的影響較其他地區要大。「食在廣州」因有江南官吏文人的宣揚和以淮揚菜為代表的各幫菜系推動而廣為人知。淮揚菜由淮安、揚州及南京三種風味組成，是宮廷第二大菜系，今天國宴仍以淮揚菜系為主。在清代，沿海的地理優勢擴大了淮揚菜在海內外的影響。淮揚菜十分講究刀工，刀工比較精細，尤以瓜雕享譽四方。菜品形態精緻，在烹飪上則善用火候，講究火工，原料多以水產為主，注重鮮活，滋味醇和，清鮮而略帶甜味。著名菜餚有清燉蟹粉獅子頭、大煮乾絲、三套鴨、軟兜長魚、水晶肴肉、松鼠鱖魚、梁溪脆鱔、拆燴鰱魚頭、文思豆腐以及文樓湯包等。民國佛山籍食品大王冼冠生在 1933 年《廣州菜點之研究》中，點明了掛爐鴨和油雞源於南京式，炒雞片和炒蝦仁源於蘇式，香糟魚球和乾菜蒸肉是紹興式，點心有揚州式的湯包燒賣等，各地名菜集合在廣州，形成一種新的廣菜。民國時期陸羽居酒家的常備筵席菜單中便設有「鐵扒鱸魚」「文思豆腐」「金陵掛鴨」等江浙風味的菜式。（見前插頁圖Ｖ）

鴉片戰爭後，國門打開，來華洋人漸增，為適應他們的需要，嶺南沿海城市首先開辦了不少西餐館。廣州的西餐以英式為主，味尚清淡，以精製燒乳鴿、焗蟹蓋、葡國雞等名菜吸引顧客。廣州第一家西餐館是由徐老高於咸豐年間創辦的，位於太平沙（今北京南路）的太平館。[30] 徐老高曾經在英國旗昌洋行當過幫廚，為人聰明勤奮，學得一手製作西餐的廚藝。離開洋行後，先沿街擺攤出售煎牛排，因生意興隆，便在廣州南城門外創辦了

28

十八甫北
適苑酒家
九月三日新張啓市
免茶費七天
本酒家禮聘港粵滬名廚包辦筵席巧製精良美點
日夜茶市
均選用本市著名壽眉王英記茶葉以供盧仝之好并購辦正信豐
軟骨鷄
以快諸君朵頤至於廳房之堂壙座位之寬舒
女職工
招呼適到均令顧客滿意各界茗談晚飯消夜雀局盡興乎來

29

30

28 ｜廣州惠愛路（今中山五路）稻香村茶樓（圖中右側建築）｜民國

29 ｜適苑酒家在《越華報》刊登的廣告｜ 1935 年

30 ｜太平館分店｜民國

此餐館。民國時，太平館已遠近馳名，首創的燒乳鴿和精製葡國雞聲名遠揚。五四運動後，包括廣州在內的沿海城市興起了破除封建習俗活動，人們崇尚歐美的生活方式，流行西式社交活動，吃西餐成為時尚。20 世紀二三十年代，廣州著名的西餐館有亞洲酒店、東亞酒店、新亞酒店、愛群酒店、新華大酒店、中央酒店等酒店的西餐廳，馳名菜餚除了太平館的兩款招牌菜外，還有各酒店的牛扒、豬扒、松子雞、煙鯧魚等。

粵菜裡的廣府菜善於吸收西餐的特長，中西合璧，把粵菜烹飪技藝推向一個新的高峰。受西方飲食習慣影響，廣東人喜用水果和蔬菜作為佐餐，青豆、甘藍、萵苣、水田芹在當時粵語裡仍被稱為西洋蔬菜。廣州不少點心就借鑒了西式飲食善用水果的特點，如安南琅椰盞、鳳凰椰絲戟、香蕉奶凍、檸檬啫喱、菠蘿涼糕、蘋果燕窩糕等。民國初期華南酒家的菜單中已有不少西式甜點供應。（見前插頁圖Ⅶ）

在飲料方面，當時的菜館除了供應本地的醇舊雙蒸酒、龍虎鳳酒、五羊牌啤酒外，還有外地的酒品，如天津的五加皮酒、玫瑰露酒，上海的友牌啤酒，浙江的紹興花雕酒，海外的花旗美啤酒。啤酒有「液體麵包」的雅稱，主要原料是大麥芽和啤酒花，大麥芽可治積食，啤酒花有利尿和健胃功效。廣東人向來把啤酒稱為「番鬼佬涼茶」，炎熱的天氣最宜以啤酒解暑清熱。清末民初以後，啤酒逐漸在我國沿海大城市流行，但都依靠國外進口。始建於 1934 年的廣東飲料廠，是嶺南地區第一間啤酒廠，位於廣州西村，民國菜單中的五羊牌啤酒就出自該廠，改革開放後改名為廣州啤酒廠，其明星產品正是中國第一個果味啤酒品牌廣氏菠蘿啤。（見前插頁圖Ⅲ）

名人食事

近代廣州作為華南政治、經濟、文化中心，官紳筵席不斷，除酒家、茶

31 ｜廣州長堤大馬路大三元酒家｜民國

樓、茶室、飯店、西餐館、茶廳、冰室、小食品八大自然行業外，還有「大餚館」以接待官宦政客、上門包辦筵席為主要業務，亦有一些享譽省城的家宴。在廣東，不少官紳名士與本地的佳餚美點結下緣分，美食似乎讓這些風雲人物增添了幾分親切感，「食在廣州」的美譽也因他們更廣為流傳。

清末時期，嶺南名園的園林美食隨著嶺南士紳階層的崛起嶄露頭角，飲食環境幽雅清淨，景色宜人，特別符合士紳享樂的追求，逐漸成為嶺南一大飲食時尚。隨著社會的發展，茶樓越來越向高檔化和多元化發展，20 世紀初廣州崛起的「四大茶樓」，即文園、南園、西園、大三元[31]，建築規模相當可觀，而且陳設講究，猶如幽雅的園林。這些地方主要是西關少爺、文人雅士、富紳巨賈、宗教人士出入之所。隨後又出現了北園和泮溪酒家。老廣州有一句流行語「食飯去北園，飲茶到泮溪」，如今這兩個酒家與南園依舊並稱「廣州三大園林酒家」。

32 | 廣州小北路北園酒家 | 民國

位於越秀山東秀湖外的北園建於 1928 年，原是私人別墅，後改成園林酒家，被時人稱道「山前酒家，水尾茶寮」。開業之初，高官顯貴、社會賢達慕名而至，門庭若市。1957 年廣州市政府重修北園酒家，由著名廣派建築師莫伯治主持設計工作。重修後的北園酒家是梁思成最欣賞的廣州建築，園內門窗磚石、內室陳設，有不少來自「南海十三郎」江譽鏐之父江孔殷的太史府邸。江孔殷是清末最後一屆科舉進士，曾進翰林院，故又被稱為江太史。他在辛亥革命前後一度為廣州重要政治人物，也是民國時期羊城首席美食家。據說，粵菜在民國初年達到鼎盛時期，最負盛名的，一是譚家菜，一是江太史菜。「太史菜」中以蛇宴最為聞名，現在北園太史五蛇羹亦最廣為人知，其他菜式有太史雞、太史豆腐等。郭沫若對北園情有獨鍾，每次外事出訪途經廣州，都一定要到北園飲早茶。他在北園即席揮毫：「北園飲早茶，彷彿如到家。瞬息出國門，歸來再飲茶。」劉海粟 87 歲時，曾到北園宴飲，對其茶點菜式大加讚賞，即席書寫「其味無窮」四字相贈，此四字刻在北園門前之牆壁上。[32]

過去，上太平館吃西餐的顧客大多是軍政界、銀行界、知識界名流、富家闊少和外國人，當年李宗仁、宋子文、張發奎等都是太平館的常客。當然，最讓廣州太平館出名的還是在 1925 年承辦了周恩來和鄧穎超的婚宴。周恩來夫婦當時點的西餐套餐至今仍是太平館的招牌套餐。

1934 年，蔣介石在南昌發起社會風氣革新的新生活運動，以「禮義廉恥」「生活軍事化」等為口號，從改造國民日常「食衣住行」生活入手，以整齊、清潔、簡單、樸素等為標準，以圖革除陋習、提高國民素質。1948 年以後，飲食界出現了響應總統「節約運動」的活動，如味蘭海鮮鑊氣飯店推出的「八千隻肥雞」降價酬賓優惠活動。（見前插頁圖VI）

食府迭出　百花爭妍

清光緒年間胡子晉《廣州竹枝詞》提及的著名老酒樓有南關之南園、西關之謨觴、惠愛路之玉醪春、衛邊街之貴聯升。民國時，長堤、惠愛路、永漢路、太平南路等商業繁華路段，各類酒家、茶樓、茶室鱗次櫛比，比較著名的有「九如三居」:「九如」指惠如樓、太如樓、南如樓等九間名帶「如」字的茶樓，大多為對「如」字情有獨鍾的「茶樓王」譚新義收購或興建的，俗稱「廣州九條魚」（粵語「如」和「魚」同音），全盛時期達十三間;「三居」指陶陶居、陸羽居、怡香居。另外，還有「園」字號（南園、文園、愉園、聚園）、「觴」字號（謨觴、詠觴）、「珍」字號（冠珍、宜珍）、「景」字號（一景、八景）、「男」字號（慶男、添男）等跟風紮堆湧現的食府。這些酒家，大都競相豪奢，別出心裁，建立起自己的風格，創立自家的招牌茶、招牌菜式。[33]

對當時廣州的「四大酒家」（南園、文園、西園、大三元）來說，南園因「紅燒網鮑片」而威震南粵。這道菜的獨到之處在於烹飪好的鮑片，每片都是京柿色的，吃起來不硬不爛，最妙的是其略微黏牙，可以咀嚼，這樣

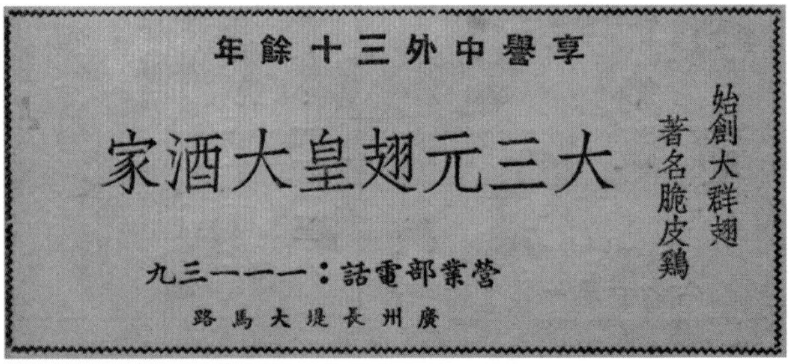

33 ｜廣州長堤瑞如樓｜民國
34 ｜大三元酒家廣告主打「大群翅」「脆皮雞」｜ 1948 年

的製作技藝沒有一家酒樓能勝過。南園廚師的手藝還能做到每塊鮑片夾起來都沾滿汁，等到鮑片全部吃完，碟上也乾乾淨淨不留一點菜汁，是為一絕。文園的名菜則有江南百花雞、蟹黃大翅、玻璃蝦仁等。西園以「鼎湖上素」素菜為特色。大三元酒家的代表菜是「六十元大群翅」，而華南酒家的「裙翅百花膠」售價才一毫（粵語，角），可見此菜價格昂貴，相當於當時市面上 14 擔上等白米的價錢，但因是用上湯來煨翅，工序嚴密，烹飪獨特別致。[34]

由於競爭激烈，促使各類茶樓、茶室不斷推陳出新，點心精美多樣，以大類品種分，有常期點心、星期點心、四季點心、席上點心、節日點心、早點、午點、晚點，以及各具特色的招牌點心。廣州交通便利，貿易繁榮，南商北賈雲集，幾百年來匯集了各地的美點小食，廣州人又善於仿效創新，吸收中外各類點心做法，形成自己的特色，因此粵式點心尤其豐富，在粵菜體系裡佔據了半壁江山，讓廣州人百吃不厭。

20 世紀 20 年代末至 30 年代初，陸羽居茶樓為了適應廣東一帶「三餐兩茶」的生活習慣及吸引顧客，推出「星期美點」，就是將一月更換一次菜點品種的期限縮短為一週，並在此基礎上，將茶市點心以七天為一周期，每天推出不同的招牌點心，做到一週天天換，日日有亮點。後來其他一些酒樓如福來居、金輪、陶陶居等名店競相仿效，每週一次更換的菜點均以五個字命名，前後不許重複，如綠茵白兔餃、雞絲炸春卷等。這樣一來，促使店家在品種花色上狠下功夫，廣式點心也在這種比創意、鬥技藝的氛圍中茁壯成長。[35、36]

1936 年前後，廣州的名茶室酒家均以星期美點招待，備受群眾歡迎。星期美點以十鹹十甜或十二鹹十二甜為主，配合時令，以煎、蒸、炸、炕等方法製作，以包、餃、角、條、卷、片、糕、餅、合、筒、撻、酥、脯等形式出現，命名也很別致。夏季還會多出一兩種凍品，清涼爽口。總的來說，星期美點的特色是精工製作，款式新穎，味道鮮美，適合時令，因而對技術要求也較高。（見前插頁圖 I ）

星期美點作為廣州酒樓標準性的廣告語，曾一度被「港廚主理」「生猛海鮮」所取代，今天沒有多少人知道星期美點的出處，但星期美點所蘊含的廣州人「敢為天下先」的務實創新精神還在。[37]

由於珠三角氣候炎熱的時間長，人們流汗多，消耗大，且易「上火」，故

35 ｜廣州太平南與一德路交界的陸羽居茶樓（圖中左側建築）｜ 20 世紀 30 年代

37 ｜廣州西關寶華正中約集雅園的茶客｜民國

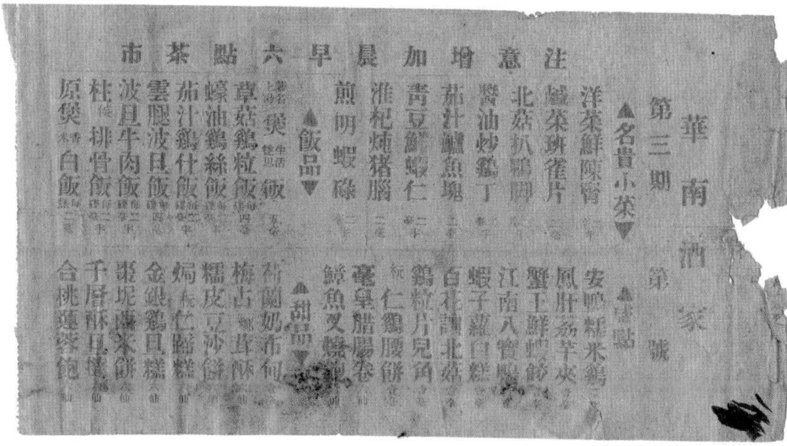
華南酒家
第三期 第 號
注意增加晨早六點茶市
▲名貴小菜▼
洋菜鮮陳腎
鹹菜班雀片
北菇扒鴨腳
醬油炒雞丁
茄汁鱸魚塊
青豆鮮蝦仁
淮杞燉豬腦
煎明蝦碌
▲飯品▼
上湯名煲生滑雞粥
草菇雞粒飯
蠔油雞絲飯
茄汁雞什飯
雲腿波旦飯
波旦牛肉飯
桂侯排骨飯
原煲香米白飯
▲美點
安蝦糯米雞
鳳肝荔芋夾
蟹王鮮蝦餃
江南八寶鴨
蝦子蘿白糕
白花讚北菇
雞粒片兒角
杬仁雞腰餅
毫皇臘腸卷
鯪魚叉燒包
▲甜品▼
荷蘭奶布甸
梅占椰茸酥
糯皮豆沙餅
焗杏仁露糕
金銀雞旦糕
栗堀蕃薯餅
千層酥旦撻
合桃蓮蓉飽

36 ｜華南酒家菜單頂部印有「注意增加晨早六點茶市」

廣州人十分注重湯粥，認為其能補充人體缺失的水分，對身體有滋養作用。湯成為廣州筵席必須的菜餚，且分量也足。在上正菜前，廣州人一般先喝一碗鮮湯。廣府湯羹種類眾多，烹調方法有滾、煲、燴、燉四種，冬春多用煲、燉，夏秋多用滾、燴。在廣州，評價一個「師奶」（粵語，家庭主婦）是否合格的重要標準，就是看她會不會煲湯。不少食府亦推出招牌湯羹以吸引講究清補涼的廣州食客。

西洋菜鮮陳腎是民國菜單中頻繁出現的菜餚，至今仍是廣府湯中的經典之一。西洋菜，顧名思義來自西洋，據說是一個葡萄牙船員因患嚴重肺病被棄海島，靠島上的這種水生植物治好了肺病，後船員得救來到澳門，把這種植物也移植了過來，才有了今天它在廣東蔬菜中的地位。一般認為西洋菜具有降火潤肺的功效，配合鴨腎煲湯，口感清甜，清熱化痰，是廣東人家在乾燥秋冬季節用於治療咳嗽咽炎的輔助食療方法。華南酒家和陸羽居就有這一款西洋菜鮮陳腎，在華南酒家還被列為「名貴小菜」。華南酒家另有「淮杞燉豬腦」，此湯可治血虛眩暈、虛性頭痛、神經衰弱等症。（見前插頁圖Ⅷ）

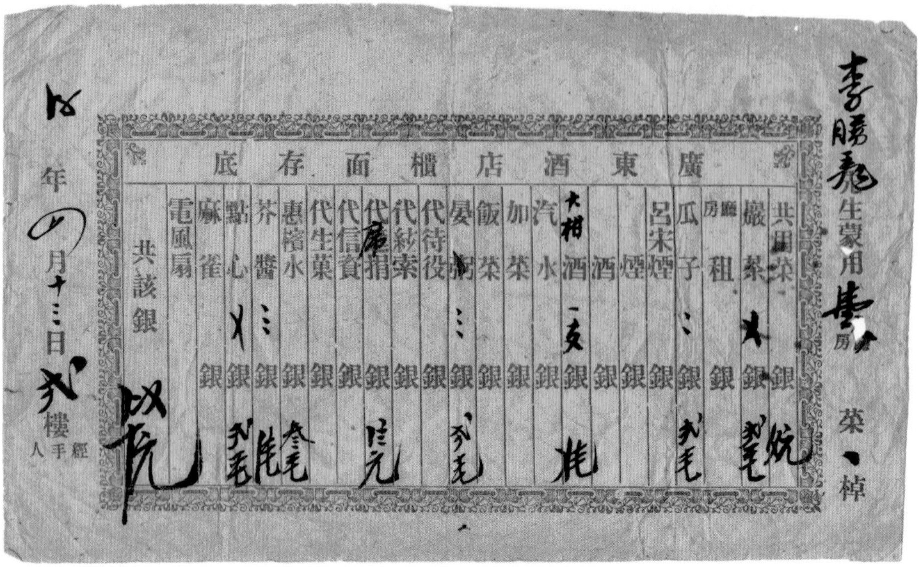

廣東酒店櫃面存底

共用菜	銀
巖茶	銀
廳房租	銀
瓜子	銀
呂宋煙	銀
煙	銀
酒	銀
大相酒	銀
汽水	銀
加菜	銀
飯菜	銀
晏粥	銀
代待役	銀
代紗素	銀
代捐	銀
代信資	銀
代生菓	銀
惠檳水	銀
芥醬	銀
點心	銀
麻雀	銀
電風扇	銀
共該銀	

年 月 日 樓

經手人

38 | 廣東酒店櫃面存底上的「晏粥」| 民國

39 | 公合記雞粒粥膾炙人口 | 民國

而傳承至今的許多經典粥類則不在大雅之堂，需要穿街過巷才能尋訪。南方老百姓勞作後喜歡吃點稀粥以調養胃口、清熱去濕，或以之作早餐的飲食搭配需要。廣州有名的粥，除了前述的及第粥和艇仔粥，還有皮蛋瘦肉粥、柴魚花生粥、滑雞粥、魚片粥、鹹骨粥、菜乾粥等各類粥品。廣府粥品按粥底的稀稠度大致可分為生滾粥、明火粥和老火粥。縱觀大江南北，大概也只有廣州，能把這道清淡的饘餰當作珍貴的料理做到了極致。而且廣州人吃粥不只限於早餐，正餐、夜宵也常備粥類。廣東酒店菜單上有「晏粥」，「晏」意為晚、遲，粵語有「晏晝」（下午）、「食晏」（吃午飯）的說法，「晏粥」顧名思義就是午餐吃的粥。[38] 粵語還有「夜粥」一說，據說當年廣東一帶的武館晚飯後還要練功，每晚師母都會準備點心和一煲粥，讓師傅徒弟練功後可以消夜，久而久之，「食夜粥」便成為「練功夫」的代名詞。通常供應粥品的食肆遍佈省城，街頭巷尾，水上小艇，無論何時何地，你都能找到果腹之處。路邊攤檔採用邊煮邊展示的賣粥模式，飄香的粥香肉味，無須廣告自吹自擂，自然引來了食客光顧。[39]

廣州飲食文化是一筆寶貴的遺產，它生動而又真實地記錄了嶺南先民如何在極其艱難曲折的歷史條件下，在解決人類最基本的生存發展問題上所做出的非凡貢獻和取得的輝煌成就，推動了嶺南地區的文明進程。作為廣州飲食文化的重要載體，這批發黃的紙質菜單是研究廣州地方史及其與中原和海外關係的「活化石」。它們對嶺南養生、醫學、人文、物理、化學、民間工藝等學科的研究和發展，仍具有不可替代的啟示意義。所幸這些曾經的名菜沒有消失，沒有湮沒於歷史的塵埃之中，在如今挖掘本土優秀傳統文化的不懈努力中得到了重視、借鑒、活化和創新。

筵席幾時有

兼或有淵源

筵到自何來

盛筵華筵在粵一方

了叫法的『九大簋』是甚么回事

塊錢在民國了你可以吃到什么

不惜吾某宴擺酒席不過再貴也要快

貳 在地

食在廣州的近代往事

兩千多年的孕育滋養，讓粵菜長成根深葉茂的參天大樹，並在二十世紀二三十年代臻於鼎盛，「食在廣州」逐漸成為廣州一張響亮的城市名片。通過民國時期的老菜單、老菜譜以及廣告單所記載的菜名、菜式和定價，帶領大家暢想歷史時光中的粵菜滋味，並且從中瞭解近百年的飲食文化，為今人打開一扇窗戶，一窺當時社會的風土民俗、市民生活、經營業態、物價、人文心理等。

茶樓酒樓大不同

今天我們出去飲茶吃飯，酒家茶樓總是混著講。有些食肆從早做到晚——早上飲茶，午晚吃飯，一條龍服務；有些雖然不做早市，但從近午開始供應，既能飲茶，又能吃飯，任君選擇，很難在茶樓和酒樓之間劃出分明的界限，最多就是從字面上去理解，「茶樓飲茶，酒樓吃飯」，但實際上二者的區別都很小。

時移世易，一百多年前的廣州食林，曾經有過一個時期，茶樓和酒樓分得很清楚，著彼此獨立的經營範圍，你做你的，我做我的，相互不能踩過界。茶樓就是茶樓，只經營早午茶市、點心和龍鳳禮餅，不經營飯市，不包辦筵席。酒樓只經營飯市、隨意小酌、包辦筵席，不做茶市和點心。茶樓和酒樓在廣州的誕生，經過一個漫長的過程，從小茶館、茶室、茶居、飯店，逐漸發展為茶樓、酒樓、酒家等，它們各自在這個城市落地生根，成行、成市、成業，共同成就了民國廣州飲食業的輝煌。

街邊的二厘小茶館

鴉片戰爭後，廣州作為五大通商口岸之一，近代工商業得到較大發展，作為商業後勤保障的各類苦力、雜工逐漸形成消費群體，廣州街頭開始出現各類適合他們的消費場所。廣州興盛的飲食業，起源於一家家街邊賣茶的雜貨舖，不設座位，路過的客人站著喝完。賣得最多的是王老吉涼茶——大名鼎鼎的王老吉那時候就有了，其次是竹蔗茅根水、羅浮山雲霧茶、八寶清霧涼茶、菊花陳皮茶等，大多是適合嶺南氣候、清喉潤肺的茶飲。到了咸豐同治年間，這些店家開始以平房做店舖，一個小小的店面，門口掛著「茶話」二字木牌，用木凳架在路邊，捎帶供應茶點，設備十分粗糙簡陋，供應的茶葉，大多是翻渣（粵語，多次沖泡）的，茶壺也是佛山石灣的粗製產品。

清代以銀兩為本位，單位是兩、錢、分、厘，這種街邊的小茶館茶價只二厘，久而久之就得了一個名字——「二厘館」。可以說二厘館是廣州茶樓業的雛形，它興起之初的消費群體主要是賣苦力過活的貧苦大眾——挑工、小販、拉車夫等，行過路過都會進去歇息一下。他們經常在早晨上工之前在這裡吃一碟芽菜粉、兩個大鬆糕，又或者下了工來飲一壺茶，聊聊天，鬆鬆筋骨，讓疲憊一天的精神得到調劑。這樣的消費大體還在勞苦大眾的承受能力之內，無論多窮都要飲飲茶，解乏紓困，成為廣州工農階層的一種獨特的生活情調，街坊鄰里也會有事沒事來這裡聊天敘話。今日廣州人之嗜好飲茶，早上見面都用「飲咗茶未」（粵語，飲茶了沒有）或者「去飲茶啊」之類的寒暄，道別也是「得閒一齊飲茶」（粵語，有空一起飲茶），確實是由此而來的。

美點居心處

隨著飲茶風氣在民間的盛行，市場開始逐漸分化。二厘館一則低端簡陋，二則主賣茶水，經營模式較為單一，盈利終究有限。光緒中期，比二厘館更高檔舒適的、完全是衝著當時的小富之家去的茶居開始出現。以「居」為名，寓意媲美隱者之居。比如第五甫的「五柳居」源於陶淵明的《五柳先生傳》，第三甫的「永安居」寓意永遠安居樂業，還有其姐妹店「永樂居」在第七甫。直到今天，不少本地茶樓起名仍然會考慮「居」字，這是民國茶居留下的歷史痕跡。

茶居與二厘館的區別，在於茶居增加了餅餌作為新賣點，其中「餅」是指以火烹法烤烘加工而成的麵製食品，比如月餅、雞仔餅、嫁女餅、老婆餅、盲公餅等經典粵式餅食；「餌」是指以汽烹法蒸製而成的米製食品，是「點心」的前身。到底是增加餅餌還是菜餚，在市場經濟的今天看來只是商家的個人行為，但在民國時期，因不成文的規矩，每個餐飲種類都有各自規定的經營項目、模式和時間，涇渭分明。各行業還形成了自己的工會，對行業內外的商業行為進行監督，對來自行業以外的競爭行為絕不會坐視不理。這樣的好處是能確保各行業的生存空間，杜絕了惡性競爭，這也是二厘館明知經營項目單一卻不能或不敢變革的原因所在。

不過，不同種類的食肆面對市場業態的變化並不是完全一刀切，比如二厘館希望擴大經營範圍，曾考慮過增加菜餚，為飯店行業會所拒，轉而想要增加餅餌，餅餌工會倒是樂見其成。後來終於有第一個吃螃蟹的人，率先將茶飲和餅餌相結合，向市場推出茶居這一新生事物。沒想到那些愛好談天說地，「吹水」（粵語，閒聊，聊天，侃侃而談）的食客非常喜歡，充滿嘗試新事物的興奮，茶居因此越開越多。1919 年，還成立了茶居行業工會。因為光顧茶居的侃客大多是找個地方消遣閒談，並不只是為了果腹，所以對餅餌的分量不太看重，貴精不求多，這也使得餅餌愈發趨向精緻小巧。匠心獨運的餅餌點心不但讓業內餅師的技術日益精湛，還提升了食客對食品的審美能力。後來花樣百出、讓人眼花繚亂的粵式點心，就是在這時埋下的種子。至於原來的二厘館也並沒有消失，而是逐漸賣起了粉麵茶點，茶居則逐漸走上了向現代茶樓點心業的轉變之路。

走，到茶樓上去

雖然茶居相較二厘館而言，已然是鳥槍換炮，條件有所改善，但經營場所仍顯簡陋，尤其是在美點的襯托下格外相形見絀，完全匹配不上點心的精緻可人，茶居的升級換代蓄勢待發。廣州茶樓業的新一輪「產業升級」，被七堡鄉人（今天的佛山石灣）飲了頭一啖湯。1854 年廣東三合會大起義，佛山毀於戰火，一落千丈，資金逐漸轉移到廣州，七堡鄉人就是在這樣的背景下紛紛來到廣州投資經營。他們廣購地皮，築而為樓，將平房裡的茶居搬進了三層高的茶樓，著名的金華、利南、其昌、祥珍，創始人都是七堡鄉人。

在清光緒十二年（1886）張之洞主持修築天字碼頭堤岸馬路之前，廣州基本是沒有高樓的，可見七堡鄉人的想法有多大膽，又多具有突破性，而且富於變革精神。這些新建的茶樓，早期一般有三層，第一層很高，最高可達七米，進門就給人宏偉寬敞的感覺，二、三樓的客座一般也可以達到五米，地方通爽高敞，環境幽雅，座位舒適，空氣清新，規模遠遠超過茶居。老百姓對高樓這種稀罕物也格外有新鮮感，所以氣派的茶樓甫一出現就領一時風氣之先，本來消費標準只是試探著定下一盅兩件，結果市場反饋驚人，茶客消費遠遠不止於此，還逐漸以此標準，標榜吹噓自己的生活水平。

雖然茶居和茶樓經營的生意是一模一樣的，但茶樓在裝修和設備上不吝於投資，還不惜重資選址在人煙稠密的商業區、車站碼頭、路口街口。對茶水也越來越重視，講究茶葉品質優良，貯存得法，開水也需雙重煲沸。幾乎每家茶樓都配備一名「較」茶師傅，把高、中、低檔茶葉混合，以達到色香味俱全且耐「沖」的效果，既滿足了茶客的要求，又降低了成本。

這樣的創意換來的回報非常豐厚，尤其是民國以後，工商各業日益興旺，商業交往頻繁，茶樓雅致舒朗的環境和茶靚水滾點心正，吸引著普通市民閒暇時消費，比如來此清談聊天，玉器玩賞，古董買賣，看小報論茶經，傳播市井新聞；各行各業洽談買賣、互通信息的生意人也紛至沓來。廣州茶樓的金漆招牌開始蜚聲海內外，「上高樓」成了當時廣州人去茶樓品茗的代名詞。許多名人都喜歡流連於此，魯迅在中山大學任教時，也時常到茶樓歎茶，他評論，「廣州的茶清香可口，一杯在手，可以和朋友作半日談」。1926 年，毛澤東在廣州與柳亞子相識，曾相攜到本地茶樓飲茶談詩論道，後來還寫下了「飲茶粵海未能忘」的詩句。

高朋宴中坐

幾年以後，飯店也普遍仿效茶樓，實行上高樓策略，成了「酒樓」，業務和規模不斷擴大。碼頭林立的長堤沿岸、商旅雲集的西濠口、首富住地的西關、花舫妓艇密佈的陳塘（今廣州黃沙至泮塘一帶）等地，歷來是市區商業和經濟活動的龍頭地帶，大酒樓非常多。門面上，茶樓門口有餅櫃，賣餅餌食品點心；酒樓門口是低櫃，賣燒臘食品或外賣飯菜，這是二者顯著的區別。

隨著近代工商業和社會經濟的發展，酒樓業競爭更加激烈，高級酒樓在裝潢格局上獨具匠心。有的利用傳統大院、西關大屋和嶺南園林，有的裝修華麗面向達官巨賈，有的重詩畫琴棋風雅文氣，有的以佛門弟子為對象，還有的風流旖旎以拈花問柳者為客，格調各異。

當時，設施最好的首推一景酒家，廳堂陳設的是紫檀家私，比酸枝貴重得多，其餘的著名食肆也是異彩紛呈，各擅其長，有貴聯升、聚豐園、南陽堂、南園酒家、廣州酒樓、福來居、玉波樓、文園、西園、大三元、謨觴、合記、新遠來、六國等，還有集中在陳塘專營花酌的京華、流觴、宴春台、群樂、瑤天、永春等；鬧市中人厭倦樊籠，也可去寶漢、甘泉等酒家一嘗郊區鄉村風味。為了迎合官場、商場、社會各階層人士的喜好，各酒樓酒家爭相羅致名廚名師，博採國內乃至國外飲食之所長，形成一時之風尚。清末民初，廣州酒樓「冠絕中外」，20 世紀 30 年代左右，廣州的酒樓業進入全盛時期。

高端酒樓，裝修華麗，夏有電扇，冬有暖爐，處處是以亭台樓閣為名的溫軟包間，高朋滿座，還可以隨時開「四局」，即雀局（打麻將）、花局（召妓侑酒）、響局（召樂隊、伶人席前表演）和煙局（抽鴉片），奢靡墮落至極。到這裡吃一頓，餐費加上包間的房費，還有打點侍者的消費以及其他林林總總的費用，總得花上數十乃至百來塊。由於當時的廣州豪客眾多，吃貨如雲，出手闊綽，酒樓生意還是非常興旺的。酒樓除了消遣娛樂，還附帶社交和生意往來的屬性，是以大酒樓日夜笙歌，牌令不絕，以至於當時一些大酒樓旁的住客抱怨，「半夜睡醒猶聞猜拳行令，打牌呼喝之聲」，這是民國廣州紙醉金迷、燈紅酒綠的一面。

不過，這些奢華大酒樓畢竟只是數以百計的同行中極少的一部分，絕大多數普通酒樓都逃脫不了「新張—歇業」的循環。小型酒樓的舖面一般都不是自家產業，本錢又少，一旦遇到風吹草動、時局動盪，就很難「守住」；加上不少小老闆本身是廚師出身，管理水平有限，或者年老體衰無法維持，很容易就經營不善。有些有條件的小酒樓要轉型擴大，但往往資金不濟，於是先後改成飯店，賣麵飯菜餚，生產設備是現成的，且對烹調技術和環境要求不高，所以能維持下來。廣州酒樓中的百年老號少之又少，與一向以樸實經營著稱的茶樓行業不可同日而語——它們的老號比比皆是，這是廣州酒樓業的另一面。

茶室，在茶樓與酒樓的夾縫裡

在行業壁壘森嚴，酒樓做席、茶樓賣點的民國初年，出現了茶室這種既做茶點又賣粉麵飯的食肆，兩邊都不像，又兩邊都學了點，實在讓人驚奇。實際上，茶室是看準了茶樓與酒樓的不足，為「補漏」而生的。「兩不像」的茶室業，就這樣在茶樓與酒樓的夾縫中尷尬而堅韌地生存了一二十年，還意外地讓廣州人發現了午茶、午飯、晚飯、夜宵和夜茶「直落」的樂趣。

最早的茶室是什麼時候出現的已經不可考了，但已知比較著名的是西關寶華大戲院旁邊的「翩翩茶室」，它不像茶樓天未亮就開門迎客，而是在茶樓上午九點半收市之後才開始營業，也是供應點心，而且是「現點現做」，新鮮滾熱辣，大大區別於以往的茶樓和茶居多經營「油器」的傳統。「油器」也就是油炸的點心，保存期相對比較長，因此也會不夠新鮮，口味也較為單一。茶室新興的「現點現做」模式，讓更多以往難以長期保存的點心得以登上食客餐桌，大大提高了廣州茶點的水準。除此以外，茶室也像酒樓一樣開飯市，可以隨意小酌，但沒地方辦筵席宴會。粉麵會供應到午夜，等到戲院深夜十一二點散場之後才收市。

大概在清光緒十四年（1888）通電燈以後，廣州人開始有了夜生活，戲院劇院每晚爆滿，逐漸衍生出大量喜歡過夜生活、幹夜活的群體，比如富豪闊少、遺老遺少、伶人歌姬等。他們是起不了早的，等到起床時，所有茶樓都收市了，酒樓又不准做茶市，所以茶室的出現，自然是一些飲食經營者目光如炬，看到了酒樓業、茶樓業營業時間和經營覆蓋面的空隙，以及部分社會需求。原來只是零星分佈的幾家，從 1924 年開始，就有人陸續仿效。

1921 年的中華茶室菜單，除了鹹甜點心以外，還特地標注了「另備麵食河粉多種不能盡錄」，可見其一併經營點心粉麵的特性，此外亦對茶水做了定價。菜單上注有「二樓堂座半毫　檳水（或香巾）免費；三樓房座半毫　檳水（或香巾）半毫；三樓廳座一毫　檳水（或香巾）半毫」，說明不同茶座，其價格和服務也不盡相同。（見前插頁圖X）檳水或香巾，指的是供客人洗手洗臉的水或毛巾；堂座，也就是在大堂的散座，它是最便宜的，連洗臉水都免費，是最市井最大眾化的消費級別；廳座比堂座高一級，相應的服務也需收費；房座是在包廂或包間中飲宴，接受茶客預訂，房間門口會掛出小牌上書「某某先生預訂」等字樣，其他茶客見字便會止步。一般來說，房座會比以上兩種座位都貴，不過比較讓人不解的是，中華茶室的房座比廳座便宜一半，內中有何門道，還需進一步查索。

茶室的顧客，多是有閒階層，不用趕時間上工的，點心和茶水必然都上等精細。而且都是「晏」客，歎得茶來為時已午，所以不少人也就直落開飯，這是茶樓、酒樓所沒有的。中午過後是茶室的淡時，這時它們會出一些新招招攬客人，比如開設棋局，棋客殺得興起，也許會直落開晚飯，這樣又增加了晚飯的旺度。這種兼賣飯菜點心的獨特屬性，使茶室逐漸擁有了眾多擁躉，比如陸園茶室，魯迅在廣州時去了多次，最愛它的章魚雞粒炒飯。一時間，茶室數量大增，尤其是西關一帶，如雨後春筍般接連出現了新玉波、茶香室、味腴、龍泉、山海樓、談天、九龍、星波、月波、山泉、鹿鳴、陸園等十餘家。

茶室業橫亙在茶樓業和酒樓業的楚河漢界上，做著「腳踏兩條船」的危險動作，它的迅猛發展對兩個行業都產生了衝擊。行業壁壘的打破讓茶樓（居）業和酒店業工會再也坐不住了，而且一個不小的市場在茶室業的挖掘下逐漸顯露，茶室業也試圖分上一杯羹。1924年前後，雙方為了爭奪茶室業的歸屬一度掀起風波，幾乎動武。在政府調停之下，因為茶室的營業時間和售賣菜餚與酒樓業重疊較多，酒樓工會決定收編茶室，更名為「酒樓茶室工會」。[40、41、42] 茶樓（居）工會自然是吃了虧，為了平息他們的怨氣，茶室的經營時間被壓縮到晚飯之後。客觀來說，廣州能形成獨有

40

41

42

40 | 廣州市茶居業產業工會會員證章 | 民國

41 | 廣東酒樓茶室總工會章 | 民國

42 | 廣州酒樓茶室工會會員證章 | 民國

①三茶，是指早茶（7-11 點）、下午茶（13-17 點）、夜茶（20-24 點）；兩飯，是指午飯（11-14 點）和晚飯（17-20 點）兩個飯市；消夜，晚飯後的一輪飯市。

的夜宵和夜茶文化，乃至延續到今天的三茶兩飯一消夜 ① 的餐飲模式，與茶室當時的際遇有著一定關聯，用功不可沒去形容也不為過。

茶室的興起，讓廣州兩大飲食行業嚴格的經營界限被打破，營業時間、銷售品種不如以前涇渭分明，幾乎各大酒樓都陸續開設早午茶市。從 20 世紀 20 年代開始迅猛發展，到 30 年代中期逐漸走向下坡，茶室打破了壁壘，又為自己的衰落埋下了伏筆，思之令人慨歎。

陶陶然兮　開之創之

最早想把酒樓和茶樓一起開的，是陶陶居，據說當時還頗費了一番周折。陶陶居是一家百年歷史的茶樓老字號，創辦於 1880 年，歷來是文人雅士聚首的地方。據說大堂懸的牌匾，便出自康有為之手。「陶陶」二字，當時曾用徵聯的方法宣傳，徵得頭名「陶潛善飲，易牙善烹，恰相逢，作座中賓主；陶侃惜分，大禹惜寸，最可惜，是杯裡光陰」，掛在廳堂前，供茶客評點欣賞。1925 年春夏之交，改成三層樓的陶陶居新址落成，成為全市規模最大、裝修最好、設備最精良的茶樓之一，魯迅、許廣平、巴金等曾是座上客。

當時陶陶居的主理人是譚傑南，也是佛山七堡鄉人，在廣州茶樓業深耕多年，積累了雄厚實力，擁有蓮香、雲來閣、涎香、六國、七妙齋等茶樓，號稱第二代「茶樓大王」，很有開創精神，是業界翹楚。他認為，當時的茶樓不做飯市筵席太保守，太浪費了，決心要以陶陶居為基地，構建一家綜合性餐飲企業。他富有創造力地將食品加工部門分為廚房部和點心部，既做早午茶市、龍鳳禮餅——這是茶樓本來的經營項目，又經營午晚飯市、小酌筵席——這是酒樓經營的項目，按譚傑南的描述是「用其所長」。

當時「茶室歸屬」的風波過去未久，兩大行業工會剛剛談妥，關係不那麼緊張，現在陶陶居又這樣堂而皇之地插足酒樓飯市和筵席，自然招來強烈的反對聲音。然而始料未及的是，最先跳出來反對的竟然是茶樓工會的人。他們強調，如果陶陶居聘請酒樓工會的人，他們將不允許陶陶居經營龍鳳禮餅和中秋月餅。由此看來，廣州的茶樓業雖然曾在「二厘館—茶居—茶樓」的發展歷程中有著衝破藩籬的勇氣，但相比酒樓業更趨保守——同樣面對自身經營範圍的侵奪，酒樓業的態度遠比茶樓業開放和緩。然而今天能夠保留下來的酒樓老字號，卻又不及茶樓多，這著實值得後人細細思量。

無奈之下，譚傑南只好妥協——工人主體由茶樓工會的人構成，從事筵席的廚師從酒樓工會聘請，只是技術指導性質，而且之後也要加入茶樓工會，這才平息了這場風波。這種運營模式與譚傑南的構想差之千里，但陶陶居的筵席還是做起來了。20 世紀 30 年代中期，陶陶居開始每年製作一款「陶陶居上月」，附送高檔酒席一席，以供賞月之用。陶陶居的名字如此詩意可人，卻富有改革精神，為「茶酒合流」開了先河。

「茶樓」與「酒樓」真正融為一體，要到全面抗戰時期，當時的大茶樓也更新設備，打出了茶麵酒菜的招牌，酒樓工會和茶樓工會之間的矛盾在這個階段基本消失。一段激情、浪漫、戰鬥、衝勁、拚闖、創造的廣州飲食業的歷史，就這樣在茶味氤氳、佳餚飄香的百年時光長河中緩緩流淌而過。

老廣吃飯的「儀式感」

在廣州乃至廣東各地飲茶吃飯，無論是在高檔酒樓還是普通大排檔，要做的第一件事，都是用滾水「啷」（粵語，用水沖洗）碗。杯碗相疊，滾水由茶壺緩緩注入，直至水滿過杯；筷子和匙羹（粵語，湯匙）在杯中攪動，發出清脆愉悅的碰撞聲；將杯中水傾覆於碗，杯口翻轉，在碗中輕巧一浸；最後將碗中水倒去。其間眾人又起又坐，忙著奉水倒茶，有時還得替未到者服務，一番忙中有序之後，真正喝的茶水送上，眾人安坐，用餐前的一輪「儀式」方才結束。這是今天老廣用餐的儀式感，向上可以追溯到一百多年前的清末民初時期。除此以外，當時人們飲茶吃飯，尤其是吃席，更有一套華麗繁複的架勢。

茶渣盆、銅吊煲和餅食櫃

老廣自清末民初開始，逐漸養成了飲茶的生活情趣。低檔的有二厘館、茶寮，稍微高檔一點的有茶居，更有別致茶室，高敞茶樓，所以有「有錢樓上樓，無錢地下跖（粵語，蹲）」的俗諺，各階層都能找到適合自己消費能力的飲茶去處。

客人走進茶樓，稍微體面一點的，每張枱上都有茶盅、茶盅蓋、茶盅墊和茶杯四件頭，此外還放著一些吃點心用的小餐具，比如使用粗鐵絲製成的長叉，狀如「Y」字，是吃乾蒸「燒賣」用的；還有茶洗，一個無腳的平底碗。來客開位，「茶爐」（負責煮水斟茶的服務員）先在茶洗內注入開水，由茶客自己「啷杯」消毒，水可以倒入枱下常設的一個大茶渣盆——這是茶樓茶居必備之物，有的茶渣盆還是定製的，要刻上本店的名字。

茶客落座以後，「茶爐」問明要喝什麼茶，比如龍井、水仙、普洱、壽眉、紅茶等，然後放茶葉、沖開水。開水要求雙重煲沸：在專用的開水爐上取水之後，再放在每個廳都會設置的座爐上，用煤球燒沸，因為煤球燒出來的熱水，夠熱辣，夠滾燙。一個座爐可以放四個大銅吊煲，連水每個重九斤，煲嘴是鴨嘴形的，出水像扇形，以減少衝擊力；沖水時要用陰力，避免濺溢。廣州人對飲茶非常講究，除了烹煮的程度要拿捏，水的質地也大有文章，在他們的觀念中，自來水不及清井水，清井水不如礦泉水，這與《紅樓夢》中妙玉品評舊年雨水和梅上雪水有異曲同工之妙。因此，茶樓中的水也開始「卷」起來，比如陶陶居就別開生面，每天用人力大板車到三元里附近接白雲山的九龍泉水，拉入市區後改用扁擔肩挑，紅色木桶上都漆上「陶陶居」或者「九龍泉水」的字樣，招搖過市。水回來後，烹煮、沖泡歸「茶爐」，其餘還有雜工、學徒負責清潔茶渣盆、擦銅吊煲等工作。

眾人坐定歎起了茶，正式點心又未上，此時就需要一些可口佐談之物。茶枱旁邊一般會放個小窗櫥，內設數款糖果、蜜餞、餅食，一般放四碟。茶客想吃什麼，就自己從窗櫥中拿出來。這些小食也許是杏仁餅、蛋卷、薄脆，簡單一點的有糖蓮子、糖冬瓜、糖金橘、糖荷豆等蜜餞糖果。臨走結帳的時候，掌櫃或者執盤（負責分派、補充和回收餅食的服務員）望一望，就知道吃了多少，該收多少錢。客人走後，執盤再將吃掉的碟數補上。一盅茶喝完了，在茶樓，只需要將蓋子揭開，企堂經過看到，自然就會加上開水再蓋回蓋子，切記不能亂喊「夥計加水」，上茶樓的人都曉得，如果亂喊，任你如何喊，企堂都不會給你加水；茶室則反之，就是喊也沒問題，這是百年前老廣飲茶的儀程規矩。

筵席幾時有

隨著酒樓業務和廣州商業貿易的發展，識飲識食的老廣，無時無刻不在創造機會「食番餐」（粵語，吃一頓）。婚喪嫁娶、迎來送往、逢年過節自不必說，有喜筵、薑酌（生孩子彌月筵）、壽宴、齋席（百年歸老之席）、餞行宴、迎旋宴、友誼席（摯友情誼的往還筵席）、春茗（春節期間各行業互相聯繫的筵席）、開年宴（年初二筵席）、蒲節宴（五月初五中午筵席）、中秋席（八月十五筵席）、團年宴（除夕夜筵席）等各色名目，不一而足，各自有適合題旨、內涵和檔次的菜品搭配。其中婚姻嫁娶俗例是連吃三天的，俗稱開廚吃到三朝。

此外，還有本地百姓信奉的神佛、民間供奉的先賢和各行各業祖師的誕辰，是以城中開筵幾乎無日不為之。比如每到鄭仙（安期生）、呂祖（呂洞賓）等嶺南道教崇拜始祖的誕辰，道教徒都會聚餐幾日；關公誕則是工人組織的下館子日；魯班誕、關帝誕、觀音誕、孔子誕、盂蘭節、清明節和重陽節的春秋二祭，都有不少行業大排筵席；還有迎神建醮、水陸超幽等活動更是一連數日，附近酒樓便要忙得不亦樂乎。

菜式有淵源

民國的筵席菜式，受私廚家宴影響很深。家廚作為源遠流長的一種業態，上至王侯官僚、達官顯宦，中至富紳巨賈，下至中等之家、文人名士，都有自家專門的廚師主理，每餐按食譜備飯菜，各有名目，飲食多樣。這種廚師僅服務於一家一姓，故以家廚呼之。舊時官員到異地上任，好吃者往往也要帶上自家廚子，即便在異地也能吃到自己熟悉的味道。廚子憑手藝特長獲得主家青睞，各家名廚往往都有些他人所不能的拿手菜或麵點。比如《紅樓夢》裡榮國府的廚房，茄鯗、雞髓筍、糖蒸酥酪、胭脂鵝脯、肘子燉火腿、荷葉蓮蓬湯、酒釀清蒸鴨子、奶油松瓤卷酥、碧粳粥、菱粉糕……點心、甜食、主食、大菜、湯品，樣樣精緻，色色味美；又如清末歷任山東巡撫、四川總督的丁寶楨家廚研製的宮保雞丁，大書法家伊秉綬任揚州知府（一說任惠州知府）時家廚首創的伊府麵等。家廚之間也會互相學習，調和口味，加上主家本身的鑒賞水平很高，如寫下《隨園食單》的袁枚，無形中使得家廚的技藝水平不斷提高。隨著官宦的遷徙、圈子內的品評、主客之間的相互學習、近代酒樓業的不斷發展等，本來隱身於一家一府之內的美味佳餚開始向社會外溢並形成交流，甚至廣為流傳，這是飲食文化史上值得重視的現象。

家廚和社會之間的互動，有我們熟知的「譚家菜」，為廣東官員譚宗浚、譚瑑青父子的家廚所創，名噪京師。譚瑑青死後，他的姨太太趙荔鳳更是堂而皇之地經營譚家菜，實際操作的仍是譚家的家廚。

筵制自何來

那麼頂級的私廚家宴是什麼呢？自然要數帝王之家的了。清代形成了皇家筵席「滿漢全席」，歷史上曾經叫過「滿漢席」「滿漢大菜」「滿漢大席」「滿漢燕翅燒烤席」，甚至有稱「滿洲餑餑席」的。清朝滅亡後，為了避諱，

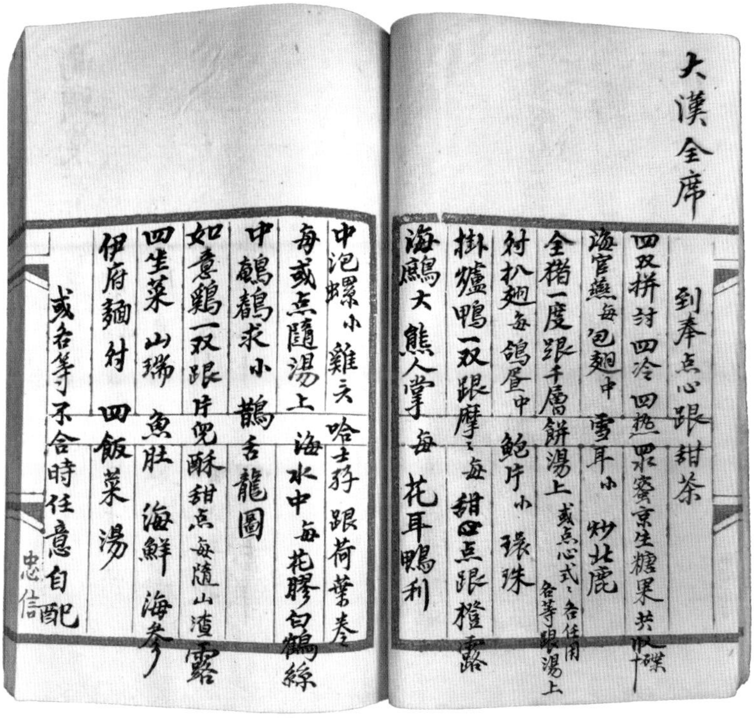

43 |《菜色編譜巧製菜品．酒菜斤兩》中關於大漢全席的記載 | 胡金盛撮訂 | 民國

又改稱「大漢全席」，是清代乃至民國最著名、影響最深遠、將滿漢飲食精華合璧相融的超級筵席。凡遇到國家喜慶大典、督撫巡閱、祭孔等都有此席；為求職謀差、疏通關節，或官僚名士雅集、祝壽結婚、納妾生子，動輒即云滿漢全席，非如此不足顯示其高貴。[43]

滿漢全席規模龐大，不僅菜餚豐盛，更是歌鼓聲樂樣樣皆全，一場筵席下來，各種菜式共計 108 樣，飲食結合娛樂，完全按照《周禮》所說的「以樂侑食」的概念，極講排場。現場有「樂單」和「菜單」兩式。樂單是指戲曲、戲班、戲子的名稱簡介和安排。菜單通常被分作兩份，第一份稱為目錄序，當中列明所有菜式，如「四熱葷」有什麼、「四大碗」又有什麼，一目了然，格式類似現代點菜的菜譜；另一份稱為秩序譜，每天菜式編排和其他程序詳細序列。秩序譜又分三份，一份書寫美觀，留給賓客留底或欣賞；一份有菜式材料的斤兩分量，供廚房使用；還有一份留在枱面，讓侍應們知道上菜的先後順序，菜餚是否上席，隨機統籌大局。這樣的傳統也承襲了下來，後來酒樓負責寫筵席菜單的「師爺」，同樣會製作三份「敘腳」（也稱「序腳」），客人、廚房、傳菜部各一份，功用與滿漢席一樣。

客人一到，先用小型銅面盆盛淨面水和香巾，給客人洗臉，再獻香茗和四色點心、銀絲麵，讓客人先嘗。吃罷開始各式消遣，或茗敘、下棋、吟詩作畫、打牌等，手碟中備有瓜子、榛仁之類可信口而食，這道程序為「到奉」。酒席枱子擺好，「四生果」「四京果」「四看果」擺列四邊，形成一幅華美圖案。賓主入席後，先上「四冷葷」飲酒，續上「四熱葷」。酒起興，再上大菜魚翅，同時獻上香巾擦汗，繼續上第二道菜餚，行酒令。獻香巾畢，上第三道、第四道菜，至酒酣，再上第五道菜，以及飯、粥、湯等，食罷，以小銀托盤盛牙籤、檳榔給客人使用，最後上一遍水，讓客人洗臉，滿漢全席即告結束。筵席期間穿插戲班唱樂，舞樂流連。精緻的餐具，高雅的席面裝飾，科學而考究的分批上菜法，場面的控制，節目的調度，菜式的安排，深刻影響清末民初廣州筵席的制度，成為當時廣州筵席制式的藍本。從民國時期宴陶陶酒家的櫃面存單可知，酒家有類似滿漢筵席制式中的「生果」「紅瓜（子）」「冷葷」等菜品。（見前插頁圖XI）

盛席華筵　在粵一方

光緒年間，滿漢全席開始風靡全國，各地相繼仿效，並且逐漸融合當地風味，形成各具特色的滿漢席，如京式、川式、晉式、魯式，其中粵式滿漢全席也是具代表性的種類。廣州能承辦此席的有貴聯升、福來居、南陽堂、一品升、聚豐園、玉醪春、品聯升、英英齋等多家酒樓，對於當時各省市來說可謂絕無僅有。但只有名廚鍾棠、鍾流坐鎮的貴聯升可以同時承辦兩席，因而名重一時。

辛亥革命後，滿漢全席因為價格高昂，索價由千到萬，款數太多，食用煩瑣，費時失事，一席需由朝到暮，與推翻清王朝封建統治的革命氛圍以及民初所提倡的簡樸之風格格不入，逐漸為人們所棄，但它的制式並沒有完全消失，而是逐漸被簡化並沿用至民國廣州筵席之中，形成了十大件、八大八小、六大六小、六大四小、四大四小，還有「四熱葷六大菜」（六大四小）、「八大件兩熱葷」（八大兩小）等規制。此外，較為平民化的有中等九大件、普通九碗頭、九大盞，這些形制都脫胎於滿漢全席。具體菜式則根據筵席主題、價格、酒家主打拿手菜等各有不同。而今天我們一些吃席的不成文規則，比如最後一道一定會上包點，中間會有粉麵等主食，都從滿漢席而來。（見前插頁圖Ｖ）

在較高級的宴會中，也有一個習以為常的規矩——歇席。歇席的方式，是在吃唱中途，菜餚上到一半左右時，主人家宣佈歇席，暫停上菜，服務員便送上幾味小碟。小碟多是冷點，如皮蛋、酸薑、醬瓜之類。這時客人或用小點，或用茶煙，彼此隨意攀談，或者離席解手。如在家設宴，奴僕便在此時給客人上茶奉煙，待客人歇得差不多了，再重新起筵。

蟹肉、魚翅、乳豬、石斑……這樣豐盛的筵席，一席能請多少位客人呢？當時酒樓多用方形八仙枱，一桌只坐八個人，每邊各兩人，席次、座位嚴格區分主客親疏和社會地位，一般來說，左為尊，右為次；上為尊，下為次。坐在北面左側的一般是身份地位最尊貴的客人，北邊右側的是陪客的主人，對面的是小輩，服侍端茶、倒水、接菜品等，其餘客人和陪從分坐兩側。高級或隆重宴會則坐六人，空出一邊，用以裝飾枱面，氣氛更加莊重。還有一種長方形的窄一點的日字台，兩側各坐一人，一共只坐六人，粵語中「六」與「祿」同音，寓意爵祿高登。這類宴會廳堂佈局多為門字形，方便交談、上菜和欣賞席中表演。

廣州話的「九大簋」是怎麼回事

廣州有一句俗語，將很豐盛的筵席叫作「九大簋」。「九大簋」這是怎麼來的呢？上文提到，當時的廣式筵席制式，較為平民化的有中等九大件、普通九碗頭、九大盞等，由九道菜式組成，這是一般市民婚喪嫁娶、迎來送往、逢年過節的選擇，「九」字由此而來。「簋」是何物？有一種解釋是，「簋」是商周時期王室貴族配合「鼎」使用的禮樂祭祀品和食器，鼎用單數而簋用雙數，最高級別的是天子，用九鼎八簋，可見簋最多能用八個，故而「九大簋」可能是以誇張的手法極言筵席的豐盛。

當時承辦這些市民筵席的，主要是一種叫「大餚館」的行業，又稱為包辦館、酒館等。它們的裝潢、場地都不如大酒樓，勝在價格經濟實惠，以小價錢承辦大酒席。大餚館主要採用的是「上門到會」或者「會送」方式。所謂「上門到會」，指的是宴會當天，餚館備好原材料，派出廚師、夥計到顧客指定地方開做筵席。一般早上就由夥計將餐具以及各種烹調用具挑到目的地，打點好各種雜務和備菜程序，等候廚師到位掌勺；好一點的筵席一般用錫器，比如錫碟、錫窩，多數為圓形，工藝較為精良，大方名貴，但較笨重。廣州人不知是不是因為這些盛菜的圓形錫窩形狀如「簋」，所以有「九大簋」之說呢？答案不得而知。而「會送」，則是提前在店內做好菜式，備齊菜具、餐具和佐料，用木箱裝好，由酒家的雜工用木托盤頂在頭上奔走送到，遠近照送，這就比較考驗工人的腳力了，適合家裡不便開火用灶的顧客。

選擇上門到會或會送的市民一般在哪裡擺酒？首先當時的城裡城外未有馬路，都是可以利用的空地；其次城鄉附近的居民大多聚族而居，哪怕非聚族而居的，也有「社」這樣的管理組織，每社管轄幾條街不等。宗族和社都有公產，比如宗祠、書院、社學、家廟大院，還有數不清的神廟廣場，只要是本社的百姓，通過主持本族本社事務的鄉紳，不難借到擺酒的地方。而且當時的廣州居民大多都是獨門獨院的，如果只是擺幾桌酒，地方自家都可以解決。

民國時人云，「食在廣州，生在蘇州，住在杭州，死在柳州」。蘇杭富庶優容，秀色如畫；柳州荒遠，硬木蔥郁，木作工藝高超；處在山海之間的廣州，異材特出，豐饒琳琅，守正而又機變，可謂是吃的天堂。對於好吃、善吃、愛琢磨吃的廣州人來說，每一次細緻打磨食物的嘗試，每一套吃飯的規矩程序，每一個以食物愉情悅意、聯親結友的瞬間，每一個考究的餐桌禮儀動作，都是對人情和生活的敬意。

一塊錢在民國廣州，你可以吃到什麼？

翻看一頁頁泛黃的民國菜單，你不免會為當時的物價而驚訝，大酒家的一桌翅宴不過一二十元，普通茶室的一份點心基本以「毫」甚至「仙」（粵語，分）計費。以著名的太平南路陸羽居酒家為例，15 元的酒席即有蟹蓉燕窩、冬瓜燉鴨等五大碗、四小碗、二冷葷和點心一度，20 元和 25 元則有魚翅、乳豬，30 元為頂格席面——十大件、四熱葷，有魚翅、燕窩、石斑、白鴿、雞、鴨，聞之令人食指大動。（見前插頁圖 V）

再看 1921 年中華茶室的一則美點期刊，蓮蓉香粽、肉蓉蛋糕、菠蘿涼糕、杏仁奶凍、蛋黃酥撻、蚧肉粉果、火鴨粉卷通通半毫，鮮奶啫喱、腦印藕糍團、上湯水餃、手撕雞撒子、山藥蚧餅盛惠 1 毫，最貴的燴雞絲飯也不過 2 毫。一份華南酒家的飯品菜單，蠔油雞絲飯、茄汁雞什飯、柱侯排骨飯、波蛋牛肉飯都在 2 毫上下，揚州炒飯、牛肉炒河粉、滑牛米粉、炸醬麵、排骨麵之類每碗 3 毫半，伊麵、燴麵、肉絲炒麵，則 5 毫至 1 元不等。相比於今天網紅餐廳、「雪糕刺客」的肆意橫行，乍看之下，民國廣州的餐飲業似乎相當親民宜人，一塊錢能吃到的東西相當可觀。（見前插頁圖 X 、圖Ⅷ）

然而民國時，廣州居於民主革命策源地，幾經革命、改易、動亂，政局動盪，雖有復蘇繁榮之時，但並不是大道之行的桃花源。1928 年南京國民政府成立，「南天王」陳濟棠執掌廣東以前，廣州經濟一直不穩定，物價頻頻飛漲，生活成本比北京、上海等城市都要高出不少。要想瞭解民國時期廣州貨幣的真實購買力和餐飲業的實際消費水平，應以當時百姓收入和生活狀況、生活必需品的零售物價、貨幣發行情況與今天對標參照。

下館子其實挺奢侈，不過再窮也要飲飲茶

鄧中夏在《一九二六年之廣州工潮》中對當時普通工人的生活狀況有過詳細調查和統計，全廣州九成的工人每月工資最多不過 15 元，而一般單身工人的最低生活費用就已經需要 13.8 元——對於身強力壯、待遇較好的工人來說，這樣的收支情況也不過勉強餬口而已。其中留下 2.5 元作為每月的飲茶（粵語，吃點心）費用，平均每日 1 毫左右，恰是一兩份點心的價格。鄧中夏注釋道，飲茶是廣州工人的保留節目和特別嗜好，再窮也要飲茶，這是紓解精神和身體困頓的「剛需」手段。他們每月飯食費用為 7 元，每日只能吃得上兩頓飯，平均下來一天 2 至 3 毫之間，每頓 1 至 2 毫，幾乎連茶樓中最便宜的 2 毫原煲白飯都消費不起。[44]

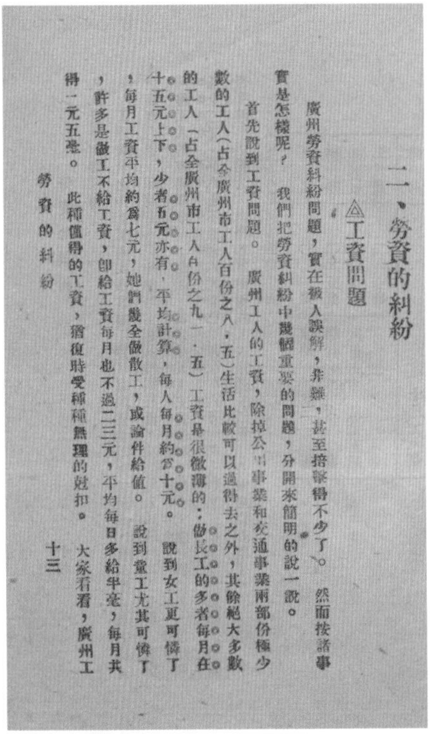

二、勞資的糾紛

△工資問題

廣州勞資糾紛問題，實在被人誤解，非難，甚至指摘得不少了。然而按諸事實是怎樣呢？我們把勞資糾紛中幾個重要的問題，分開來簡明的說一說。

首先說到工資問題。廣州工人的工資，除掉公用事業和交通事業兩部份極少數的工人（占全廣州市工人百份之八．五）生活比較可以過得去之外，其餘絕大多數的工人（占全廣州市工人百份之九一．五）工資是很微薄的；做長工的多者每月在十五元上下，少者五元亦有，平均計算，每人每月約為十元。說到女工更可憐了，每月工資平均約為七元，她們幾全做散工，或論件給值。說到童工尤其可憐了，許多是做工不給工資，即給工資每月也不過二三元，平均每日多給半毫，每月共得一元五毫。此種僅得的工資，猶復時受種種無理的剋扣。大家看看，廣州工

勞資的糾紛　十三

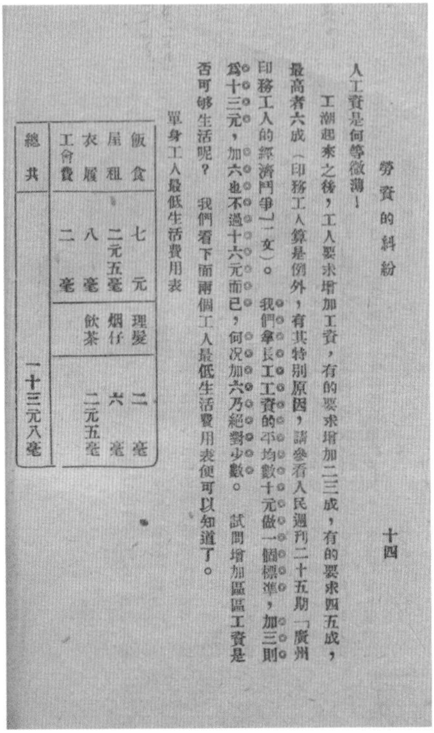

勞資的糾紛　十四

人工資是何等微薄！

工潮起來之後，工人要求增加工資，有的要求增加二三成，有的要求四五成，最高者六成（印務工人算是例外，有其特別原因，請參看人民週刊二十五期「廣州印務工人的經濟鬥爭」一文）。我們拿長工工資的平均數十元做一個標準，加三則為十三元，加六也不過十六元而已，何況加六乃絕對少數。試問增加區區工資是否可夠生活呢？我們看下面兩個工人最低生活費用表便可以知道了。

單身工人最低生活費用表

飯食	七元	理髮	二毫
屋租	二元五毫	烟仔	六毫
衣履	八毫	飲茶	二元五毫
工會費	二毫		
總共	一十三元八毫		

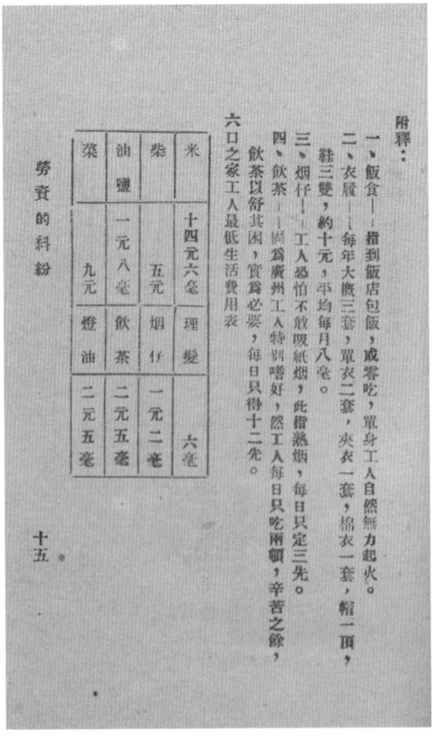

附釋：

一、飯食——指到飯店包飯，戒零吃，單身工人自然無力起火。

二、衣履——每年大概三套，單衣二套，夾衣一套，棉衣一套，帽一頂，鞋三雙，約十元，平均每月八毫。

三、烟仔——工人恐怕不敢吸紙烟，此指熟烟，每日只定三先。

四、飲茶——因為廣州工人特別嗜好，然工人每日只吃兩頓，辛苦之餘，飲茶以舒其困，實為必要，每日只得十二先。

六口之家工人最低生活費用表

米	十四元六毫	理髮	六毫
柴	五元	烟仔	一元二毫
油鹽	一元八毫	飲茶	二元五毫
菜	九元	燈油	二元五毫

勞資的糾紛　十五

44 ｜鄧中夏著《一九二六年之廣州工潮》中記載的廣州工人日常開支情況｜ 1927年出版

工人群體如此，再看中產階級乃至更富者。1931年，廣州市公安局、財政局的科長月薪在50至70元之間，普通科員在20至30元之間，等級最低的收發員也有16元上下——相當於工人階層的收入天花板。又如學校老師，民國廣州公立學校教員分為九級，最低級每月能領30元工資，最高級別的可達125元。名教授、學者就職高校，收入更是不菲。1927年1至6月，魯迅在廣州，中山大學給他開出了500元的工資。與普通工人、人力車夫等勞動行業相比，他們大概才是酒樓茶肆真正的「目標客戶」。

我們可以以魯迅為例，根據《魯迅日記》和他與許廣平的書信合集《兩地書》，可知魯迅在1927年盤桓廣州的大半年裡，其足跡遍及市內各大飯店、酒樓、茶樓，如亞洲酒店、陶陶居、妙奇香、太平分館、小北園、東方飯店、陸園茶室等30餘家。對於廣州飲食業的物價，深諳本土飲食文化的許廣平是這樣評價的。

《兩地書·五一（一九二六年九月至一九二七年一月）》許廣平致魯迅：「廣東一桌翅席，只幾樣菜，就要二十多元，外加茶水，酒之類，所以平常請七八個客，叫七八樣好菜，動不動就是四五十元。這種應酬上的消耗，實在利害。」

「我們三人在北園飲茶吃炒粉，又吃雞，菜，共飽二頓，而所費不過三元餘。」

《兩地書·七七（一九二六年九月至一九二七年一月）》許廣平致魯迅：「在廣州最討厭的是請吃飯，你來我往，每一回輒四五十元，或十餘元，實不經濟。」

即便是出自名宦世家、身為本地名流、收入頗高的許廣平，也認為廣州酒樓吃席實在太貴了。

在廣州，一般有正當職業的普通職員和工人收入大多在 10 至 30 元之間，鄧中夏的統計結論是六口的工人之家最低生活費用是 47.8 元，可見一桌上等的筵席，基本消耗掉普通老百姓家庭整月乃至數月的生活費用，其奢侈程度，與劉姥姥歎賈府螃蟹宴相類。哪怕是許廣平以為划算的兩頓北園便飯，所花費用也超過普通百姓月收入的十分之一。

除此以外，一桌筵席所費不止菜價，還有其他雜七雜八的娛樂開銷，比如徐珂在《清稗類鈔》中計算過，「廳租四元，茶資四元（以十人計算），面水四元，瓜子二元，水果一元，乾果一元，牌租一元……雜項十元，洋酒十元……若更加燒豬、燕窩、點心、汽水，或叫局唱戲，並小帳及客人之轎班、差役等堂金，則已在百金左右，猶為尋常之宴會也……」這張廣東酒店櫃面存底就是一個現成的例子，上有「李勝飛先生蒙用一房、菜一桌」的字樣，用蘇州碼子①記錄了這位李先生共用菜 9 元，還要了岩茶五份、瓜子兩份、大柑酒一支、晏粥三份、芥醬三份、點心五份，其他還有檳水等，總共消費 12.4 元。（見前插頁圖Ⅸ）可見下館子，升斗市民不能說消費不起，便飯是可以偶為之的，但一桌筵席大概就得望洋興嘆了。

①蘇州碼子：也叫草碼、花碼、番仔碼、商碼，是中國早期民間的「商業數字」，脫胎於算籌。

「元」來有不同

民國時期，對於廣州人來說，飲茶不算特別奢侈，吃席是真的挺貴。當時的飲食消費，大致相當於今天的什麼水平呢？這大概要從貨幣單位「元」說起。

清末民初，幣制改革正式在中國推行，確立了銀元制度，兩廣總督張之洞率先在廣東設廠鑄幣。我們今天最熟知的銀元，當時俗稱為「大洋」，每枚面值 1 元。除此以外，還鑄造各種以「角」來計算的輔幣，比如單毫（1 角）、雙毫（2 角）等小銀幣，俗稱「小洋」「角子」或者「毫洋」。一般來說，大洋的含銀成色較高，達到 90%，而廣東本地的小洋成色在 70%

到 80% 之間，鑄造小洋比較有利可圖；加上小洋大小適宜，便於攜帶，以當時廣東的物價，日常各種經營、買賣、交租等小額交易用它來結算也比較方便。比如飲茶點心，用一兩枚雙毫、單毫之類的小洋結帳即可。所以，當時廣東本地的主幣已經不是大洋，而是一枚枚小巧銀毫，尤其是雙毫，甚至從 1918 年開始，廣東鑄幣廠只鑄造雙毫，連大洋都不再鑄造。

小洋（角）和大洋（元）如何比價？現在的常識是 10 角等於 1 元，自然就是 10：1，這是今天信用本位制下的情況。而在銀本位制的民國初期，在實際流通中，因為小洋成色不足，要 6 個雙毫或者 12 個單毫才換到 1 元大洋。假如一份點心在民國廣東標價為 1 元，那麼只需要掏 5 個雙毫的小洋，或者 10 個單毫的小洋，在兩廣一帶因為約定俗成，「元」這個貨幣單位已經變成了直接與角幣（小洋）掛鈎。當然，如果你掏出一個 1 元的大洋來結帳，自然也是可以的，而且由於大洋含銀成色較高，店家還得給你找點錢，在廣東用小洋計算的 1 元，實際上只等於 0.8 個大洋。

所以，民國時期廣州大洋之「元」和小洋之「元」並不是一回事。無論是菜單上的標價、各零售業的物價，還是工資收入，也無論是回憶錄、文獻，還是其他記載，如果沒有特別指出，到手的或交易的錢幣大體都是小洋。《魯迅日記》是這樣記述中大在 1927 年 1 月給他開的工資的：「收本月薪水小洋及庫券各二百五十。」他的 500 元月薪其實是由 250 元小洋和 250 元庫券（後文再述）組成的，可見他的工資並不是紙面顯示的那樣高，實際購買力還得打點折。

1931 年 10 月，廣州《統計匯刊》推出一份本月的零售物價表：「安南白碌」大米約 0.09 元一斤，廣州銷量最高的「新興白」牌大米約 0.1 元一斤；牛肉和瘦豬肉分別為每斤 0.6 元和 0.9 元，這是個比較有趣的現象，和今天認知有所偏差，牛羊肉的價格在近代及以前一直比豬肉要低，直到最近幾十年才開始超過豬肉——當時的大酒家多不用牛肉做原料，認為牛肉不夠名貴；大魚和鯇魚稍低，都為 0.4 元左右；雞蛋 0.04 元一隻，生油 0.3 元一斤，價格單位都是小洋。[45]

1930 年前後，1 元小洋可以買到五至十份點心或十斤大米，或兩斤牛肉，或一斤豬肉，或兩斤魚，以現在的物價度之，1 元等於今日之 50 至 60 元人民幣，考慮到政局狀況、物價漲跌、幣值升降、飲食觀念等因素，總體有所浮動。從民國菜單上看，一份點心，大致等於今天的 5 至 10 元人民幣，各種粥粉麵飯在 20 元左右，更貴的伊麵、燴麵，可以達到 30 至 50 元不等。

然而再結合時人工資一看，就算是教員這樣收入遠高於普通勞動者的階層，低級別的一個月也只有 30 元，只能買到三四百斤大米或者三四十斤豬肉，相當於今天 1,500 至 2,000 元，購買力竟然類似今天的最低收入標準，一般體力勞動者就更不必提了。如果用筵席來比較，中等的 30 至 40 元，相當於今天的 1,000 至 2,000 元，高檔的 50 元甚至更高，相當於今天的 3,000 元以上，這樣的價格按今天的收入水平來看都很高，實在令人咋舌。

民國吃飯就能用券？

今天我們出去吃飯，總會上各種 App 看看有沒有優惠券、兌換券、消費券，這是新時代青年「薅羊毛」的自覺。其實百年前民國時期的廣州，吃飯也可以用各種券，比如陸羽居的菜單上，每一份菜品點心對應的標價單位，變成了儲券、軍票若干。（見前插頁圖 I ）和今天「薅羊毛」的快樂不同，民國的這些券並不那麼美好，甚至還暗含著家國淪亡的血淚之痛。

民國的券，其實就是和銀元相對的紙幣。早在 20 世紀 20 年代，中國各地銀行就開始發行大洋和小洋兌換券，可以直接兌換流通的銀元、輔幣，也可以買賣物品。按廣東地方政府規定，理論上面值 1 元的小洋券可以兌換

廣州市零售物價表

民國二十年十月份

物品	單位	價格(元計) 上旬平均	中旬平均	下旬平均
米類				
安雨白碌	斤	.095	.095	.096
安南白碎	,,	.082	.082	.083
暹暹宣粘	,,	.118	.118	.118
金風雪	,,	.104	.104	.104
新興白	,,	.104	.104	.105
上油粘	,,	.116	.116	.116
肉類				
牛肉	斤	.600	.600	.600
瘦猪肉	,,	.900	.900	.900
五花豬肉	,,	.560	.560	.566
本地鷄項	,,	1.095	1.033	1.028
嫩鴨	,,	.663	.663	.662
大魚	,,	.400	.400	.400
鯇魚	,,	.440	.440	.440
大肉鹹魚	,,	.550	.550	.550
蔬菜類				
蓮藕	斤	.107	.107	.107
大豆芽菜	,,	.048	.048	.061
細豆芽菜	,,	.039	.039	.039
檳榔芋仔	,,	.069	.081	.081
惠州甜霼菜	,,	.111	.111	.111
白菜	,,	.067	.078	.070
鹹菜	,,	.111	.111	.121
苦瓜	,,	.124	.133	.147
潮州芥菜	,,	.088	.078	.073
冬瓜	,,	.044	.056	.064
豆角	,,	.158	.200	
蘿蔔	,,			.144
矮瓜	,,	.113	.127	.141
絲瓜	,,	.124	.156	.188
莧菜	,,	.058	.053	.056
甕菜	,,	.043	.0[illegible]0	
芥蘭	,,		.107	.104
其他食品				
鷄蛋	只	.049	.040	.049
鴨蛋	只	.040	.040	.040

物品	單·位	價格(元計) 上旬平均	中旬平均	下旬平均
中蝦	斤	1.600	1.600	1.580
排尤	,,	1.417	1.417	1.401
兵船嘜麵粉	,,	.153	.153	.152
白豆	,,	.127	.127	.126
紅豆	,,	.150	.150	.150
花生肉	,,	.200	.200	.200
香信	,,	2.600	2.600	2.600
甜竹	,,	.300	.300	.300
生抽油	,,	.081	.081	.081
本地生油	,,	.310	.310	.311
熟鹽	,,	.080	.080	.080
翻賽片糖	,,	.220	.220	.220
二號砂糖	,,	.221	.221	.221
大號鷹奶	罐	.871	.871	.873
衣着類				
廣棉花	斤	.967	.967	.971
興隆大成藍	疋	3.250	3.250	3.294
赴宴嘜白竹紗布	尺	.280	.280	.280
京灰斜布	尺	.153	.153	.153
線紗柳條土布	尺	.150	.150	.150
文華縐	尺	.833	.833	.824
石榴嘜線衫	件	1.933	1.933	1.925
正禮服絨皮底鞋	對	2.670	2.670	2.670
燃料類				
大松柴	担	1.538	1.538	1.609
青膠雜柴	担	1.667	1.667	1.751
星嘜火水	斤	.262	.262	.262
白禮氏洋燭	包	.327	.327	.327
雜項類				
雲蓼生切煙	両	.069	.069	.069
雙蒸酒	斤	.207	.207	.207
清遠茶葉	斤	.550	.550	.550
紹昌孖梘	孖	.150	.150	.150
新聞紙	十張	.170	.170	.170
一寸長鐵釘	斤	.223	.223	.223
棋子邊日字木馬扶	張	.825	.825	.825
潮州中等冬青碗	筒	.567	.567	.567

統計彙刊 統計

三八

45 | 廣州市零售物價表 | 1931 年

小洋 1 元，但在實際流通當中只能兌換小洋 8 角。大洋券、小洋券、大洋和小洋之間也各有兌換比率。除此以外，政府還發行國庫券，簡稱「庫券」。上文提到過的魯迅某月工資，其中有一半就是國庫券，按國庫券在廣州的兌換比率，購買力還不如小洋。

那麼陸羽居菜單上的軍券、儲券又是什麼來歷？20 世紀 30 年代開始，為了應對世界性的金融危機，抑制白銀外流，國民政府開始幣制改革，回收銀元、銀幣，全面推行紙質貨幣，當時稱為法幣。1938 年日軍佔領廣州後，借助軍事力量強制推行一種叫軍票的紙幣，沒有發行準備和保證。他們入城後不久，就在今天的光復路一帶開了收米站，老百姓用一斤米可以換 10 元軍票，用這樣的方法來推廣軍票。當時的廣州在日偽政權統治下，要 11 元大洋券才可以兌 1 元軍票。

除此以外，廣州日偽政權也發行了新幣，簡稱為「中儲券」或者「儲券」，替代法幣成為本位貨幣，大概要 10 元儲券才能兌 1 元軍票，所以大洋券和儲券與軍票的比率大致都為 10：1，這是日本人對本地經濟顯而易見的侵略。當時大小漢奸官員的薪水都用軍票來發放，衣食住行和各類開銷需要用到軍票，所以軍票、儲券逐漸在市面流通起來，連菜單都不免以此標價。不過從陸羽居那張菜單看，沒有充足發行依據的軍票並沒有那麼值錢，和儲券比率在 5：1 左右，比如芙蓉蝦薄餅軍票 20 錢，儲券 1 元 1 毫即 110 錢；臘味蘿蔔糕軍票 15 錢，儲券 8 毫 3 即 83 錢；鮮蝦鳳冠餃軍票 10 錢，儲券 5 毫 6 即 56 錢；酸菜牛三星軍票 45 錢，儲券 2 元 5 毫即 250 錢；合時臘味軍票 70 錢，儲券 3 元 8 毫 9 錢即 389 錢；明爐乳豬軍票 50 錢，儲券 2 元 7 毫 8 錢即 278 錢。（見前插頁圖 I ）

由於 1941 年日本軍票逐漸停止發行，推測這張陸羽居菜單的年代在 1938 至 1941 年之間。日寇侵略時期廣州的物價和之前相比如何？以這張菜單上的點心為例作粗略比較。菜單上的點心共分為 5 毫 6、8 毫 3、1 元 1 三檔，菜式和飯餐在 2 至 4 元之間，單位為儲券。而 20 世紀二三十年代之間，一份點心 1 毫、2 毫甚至半毫，各式飯餐 5 毫至 1 元，以小洋為單位。儲券和小洋如何換算？最初大洋券和儲券與軍券的比率大概在 10：1，可以大致將儲券和大洋券視為等同價值。而小洋券和大洋券的大致比率為 1：0.8，小洋券和小洋的比率也大致在 1：0.8，小洋券大致與大洋券等值，則也可與儲券視為等同價值，從菜單的價格來看，可知日寇佔據時期的物價確實相較之前上漲了五至六倍。如果考慮到儲券後來與軍票的比率上升到 5：1，估算可知儲券和小洋之間也形成了 1：2 的比率差，按照這種算法來看，物價甚至可以上漲到 10 倍以上。物價如坐直升機扶搖而上，一塊錢買到的東西不復往昔。日寇鐵蹄踐踏下，哀民生之多艱乎。

吃飯還得「捐」點錢

在陸羽居的筵席菜單（見前插頁圖Ⅴ）裡有一句話：「全桌菜式，岩茶香巾席捐包在價內××元算。」岩茶香巾好理解，岩茶，酒樓供應的茶水；香巾，就餐前、中、後淨面、淨手的溫熱毛巾，這些都是筵席標配，都包在價格之內。唯獨「席捐」有點令人費解，難道民國時吃個席還得捐點錢嗎？

「捐」，其實是老百姓上交國家的財物或者金錢，成語中就有「苛捐雜稅」一詞，將稅與捐並舉。「席捐」，顧名思義，是對在酒樓飯館置備筵席的行為徵稅，簡單理解就是收餐飲稅。1925 年，廣州國民政府在成立前後就開始整頓自己的「錢袋子」，其中一項措施就是開闢五種新稅源，席捐列首位。日日繁華、人聲鼎沸的廣州餐飲業，有著極大的經營收入和稅收空間，直接催生了席捐在廣州的開徵。

我們知道，民國時期廣州吃席之豪奢，只有富人、名人、高級公務人員等社會名流新貴者才能承受，所以席捐的設置有較為明確的指向群體，徵收起來有分級機制，主要還是收割「高端」消費者。門面堂皇、營業較旺的，比如合稱四大酒家的大三元、南園、西園、文園，每個月要繳納幾百至上千元，其他依此類推，每個月繳數十元至一二百元不等；做小本買賣，賣一角幾毫點心飯菜的則可以免徵。如果是用自家的廚師置備家宴款待客人，和市面上各酒樓筵席沒有交易的，也可免徵。

席捐大概要交多少？因為當時稅制變更頻繁，較為混亂，只能舉一隅。1925 年前後，廣州市徵收的筵席稅是 10%，也就是說 10 塊錢的飯菜要付 11 塊，後來還規定增加 0.25% 作為教育經費——這在民國年度教育概況報告中都有體現。1942 年頒佈的《筵席及娛樂稅法》規定，筵席稅徵收稅率是 10%，消費 20 元以下免徵。想像自己是民國時人，走進酒樓茶肆消費一元幾角的你，大可不必為席捐過於發愁。

不過飲食男女，人之大欲存焉，人日日都要為吃喝消費買單，席捐如何能不成為一塊為人覬覦的大肥肉？1929 年，廣州政府對席捐打起了加碼的主意，按額計徵，而且無論奢侈筵席還是便飯簡餐，通通都要開徵，每家茶樓酒樓都分到一本報稅單，客人寫菜，店家就要填單上報，否則一經查出，就要作瞞稅處理。不僅如此，還派出稽查人員四處查帳查稅，讓茶樓酒樓食肆不勝其擾，最後逼得全市全行業停業罷市，方才停止了這場席捐鬧劇，仍然回到原來包稅的路子。

20 世紀 40 年代，上海女作家蘇青在散文中不無牢騷地寫道：「即在幽靜清雅的小吃店裡，也還是小心翼翼地計算著筵席捐，吃了 100 元一盆的菜便須付 130 元的代價呀，還是吃我一日三餐的蛋炒飯吧！」但是在那個靜好和動盪交疊的年代，無論高低貴賤，是居家還是在外，是一碗家常的蛋炒飯、一盅兩件抑或是盛席華筵，只要能吃上每一餐飯，每一個杯碗交鳴的瞬間，都是生活中最怡情悅意、值得珍視的時光。人生別無他事，不管來路前途，只要人尚在，就努力加餐飯，方不辜負每一個日子。

起菜名，大講究

除了吃飯飲茶講規矩、講排面、講陣仗，老廣對食物和菜品的稱謂也非常在意。《論語》中就記載孔子的名言，「名不正，則言不順，言不順，則事不成」，更何況老廣對「吃」最為津津樂道，從早午茶、午飯、下午茶、晚飯晚茶到消夜，一天之中食不離口，時時談吃，怎麼能不講究吃食的名諱稱呼？

舉例而言，「豬血」之「血」字，會讓人產生血光之災的聯想，故將其改成「豬紅」，紅紅火火，豈不美哉？又則「豬肝」，「肝」「乾」同音，水為財，乾枯乾竭，怎麼得了？改作「豬潤」，令人回嗔作喜；「豬舌」的「舌」與「捨」同音，改成「豬利（脷）」再好不過；「絲瓜」的「絲」，音近「屍、輸、撕」，都不是什麼好意頭，乾脆就作「勝瓜」，萬事勝意，節節勝利；苦瓜讓人苦澀，改作「涼瓜」聽起來就最清爽舒心不過。陸羽居筵席菜單便可見民國時期廣州人稱「苦瓜」為「涼瓜」的習慣。（見前插頁圖Ⅴ）這些食品稱謂，讓我們看到老廣對於好意頭的追逐和樸素表達。這是一個非常有意思的社會學、心理學、語言修辭學、音韻學等的觀察窗口。

老廣最愛的吉祥梗

粵菜的命名很少如北方的雞蛋炒西紅柿、豬肉燉粉條那麼一目了然。1977年，日本一家電視台拍攝了一部中國烹飪專題片，在香港訂製了一桌2萬美元的滿漢全席。裡頭吃的是什麼呢？「龍鳳交輝、紫圍腰帶、松鶴遐齡、月影靈芝、袖掩金簪、牡丹鳳翅、昆侖網鮑……」讓人如墜雲霧之中的菜名報下來，有個美食博主不禁啞然失笑，這分明就不可能是滿漢全席這樣的宮廷菜或者譚家菜這樣的官府菜起名的路子，它們的菜名雖然也會討口彩，但還是明明白白讓人知道菜式原料，沒有讓貴客看謎面猜謎底的道理，這定然是粵菜起名的路子——這桌筵席是在香港訂製的，自然是有著粵菜菜名一脈相承的氣質。

加官進爵、添丁發財、門庭興旺、舉案齊眉、子孫繞膝、福壽俱全……這是中國傳統對世俗生活的最高理想，這一點在廣州這個擁有兩千餘年的海貿歷史、商業氛圍濃郁的世界之都，體現得更加極致。除了文章開頭說的直接避諱以外，老廣在吃食的命名上，經常提煉出主要食材的諧音、性狀特點，並將之與坊間的吉利話頭結合，炮製出一個個雅致又通俗、華麗又氣派的菜名，乍看不知所以然，謎底揭曉，才知都是老廣樸素的好意頭，聞之令人解頤，詼諧幽默，意趣盎然。老廣起菜名，真是玩出花樣，玩得絕妙。

比如喜筵，有帶子成群（帶子羹）、早子肥雞（紅棗切雞），寓意早生貴子；百年好合（蓮子百合）、鸞鳳和鳴（公雞燉母雞），祝願夫妻舉案齊眉，伉儷情深；壽宴上，有長壽仙翁（伊麵）、海屋添壽（即雞蓉冬筍螺片，因響螺形似屋子，故被借用為「海屋」，傳說中海上的仙屋）；進學酌上，則有開卷生香（腰肝卷）、勤心上學（芹菜豬心）、獨佔鰲頭（鯉魚）；開年筵或春茗上，則有大展宏圖翅（紅燒大裙翅）、發財好市（髮菜蠔豉）、金銀滿掌（蟹黃蝦膠釀鴨掌）、源源生財（魚丸生菜）、年年有餘（魚）、橫財就手（髮菜豬手）、龍馬精神（蝦仁馬蹄）、滿載金錢（扒冬菇——冬菇的處理，一般在中間畫交叉刀，外圓內方，形似「孔方兄」，即銅錢，顯示了廣府社會毫不掩飾的商業氣味。除了原本近似銅錢狀的冬菇，其他食材如果以銅錢狀改刀，都可以以銅錢作為代稱）。

舌尖上的風花雪月

除了好意頭，老廣還會巧妙地為普通菜式注入詩情畫意，不少食材和做法還形成了固定的美稱，比如雞謂之鳳，蛇喻為龍，貓則稱為虎。鳳凰燴鮮肚、鳳凰椰絲戟、隴上鳳凰、鳳玉繞龍等帶有「鳳」的菜式和點心，都與雞蛋、雞肉、雞絲等有關；又如芙蓉蝦片的「芙蓉」，指的是以雞蛋清做原料炒成質感嫩滑的菜式，成菜後蛋清潔白如出水芙蓉，因此而得名。清代的一本烹調書籍《調鼎集》就匯聚了多款芙蓉菜式，延續至今，全國各地的芙蓉菜式多達數百種，可以說得上是長盛不衰的做法了。江南百花雞、窩燒百花茄的「百花」，專指以蝦膠為主摔打而成的餡料。蝦膠生的時候是透明的，蒸熟的時候就會變成粉紅色，像開了花一樣漂亮，所以被叫作百花餡。月映紅梅，紅梅指的是腎球，色似紅梅，以花刀切成花狀，栩栩如生，與之相對的白雪、白梅，則多指雪耳，比如白雪包翅，即雪耳魚翅也。其餘還有翡翠玉龍珠等，尚未查找到具體材料，但「翡翠」大概率代指碧綠色的蔬菜；玉龍珠，不是某種禽蛋就是某種肉丸了。

其他運用了諧音和意會手法的雅致菜名，還有燕爾和諧（燕窩蟹肉）、萬里鵬程（乳鴿）、烏龍吐珠（大海參和鴿蛋）、雪積銀鐘（雪耳鮮菇）、踏雪尋梅（鴨掌和雪耳）、佛祖尋母（帶子炒鮮菇）、雀渡金橋（燉白鴿料鴨冬菇）、綠柳垂絲（炒山瑞裙邊絲）等。比較曲折一點的，有松江艷跡（即雀滷汁鱸魚，因為鱸魚以上海松江之鱸最為有名，因以此代稱；滷汁鮮艷，故有艷跡之稱）；琴魚影鳳，是為鮑魚燜雞（鮑魚底面均刻有橫直花紋，形狀如琴），為鮑魚燜雞起如此有琴風月影的名字，可謂大俗至雅。又有一些美而尚不知其所然的菜名，比如霸王夜宴、浮雲湧月、碧玉懷梅，聞之讓人浮想聯翩。還有按不同季節時令的風物和意象起名的，春有牡丹酥、紫燕穿花、杏林窺春、桃花綴錦、柳眼微青；夏有櫻桃節屆、白雲晚望、荷葉迎風、露盈仙掌、棗杏方新；秋有仙露明珠、銀河瀉影、蓉開南脯、菊滿東籬、仙女躬月；冬有平沙落語、寒窗點雪、雪冷魚軒、陽回天上等。[46、47]

大雅與大俗兼具

舊時有一個傳統：一道菜式的命名，要由創作的廚師來操刀。其文化水平和審美的高低，直接體現在菜名是高雅還是俚俗。以「消失的名菜」第一季的重頭菜式江南百花雞為例，江南煙雨醉百花，乍聽之下，此菜似乎是江浙菜，實際卻是地地道道的粵菜。當時的文園坐落於富商雲集的西關一帶，主打文質彬彬的儒雅韻味，樓內酸枝家具、文房四寶、名家書畫琳琅滿目；樓外設計成花園式庭院，水池內外遍植菊荷，池心建有曲橋相通的雅致亭榭，亭中宴飲，夏日風荷，秋日醉菊，無比風雅別致，引來儒商文人競相傾倒，其名也直呼作「文園」。而該酒家名噪一時的招牌菜，名字自然也風雅異常，加上菜式也確實有花瓣散落於表面，有江南詩意之美，此名可謂兩相其妙，雅致得當。又如菠蘿浴日，與宋代以來的羊城勝景同音，實則為鮮奶燉蛋，中間一個鹹蛋黃充當太陽，周遭以菠蘿圍繞裝點之，一語雙關。還有藍田玉酥，具體未知何物，顧名思義，大概是潔白如玉的一種酥餅，取自李義山「藍田玉暖日生煙」的詩意。

那俗者又如何呢？以「消失的名菜」第一季的正毛尾筍燉神仙鴨為例。正毛尾筍非某筍之品種，「正」實乃「好」之粵語，直言此菜所用的毛尾筍品質上佳。而「神仙」何意？「神仙」是凡人能想像到的最高妙的境界。（見前插頁圖Ⅴ）以前的菜名需有七字、五字，最少也要四字，需為菜式賦予相應的描述、修辭之類的華麗辭藻，是以「神仙」成為文化水平不高

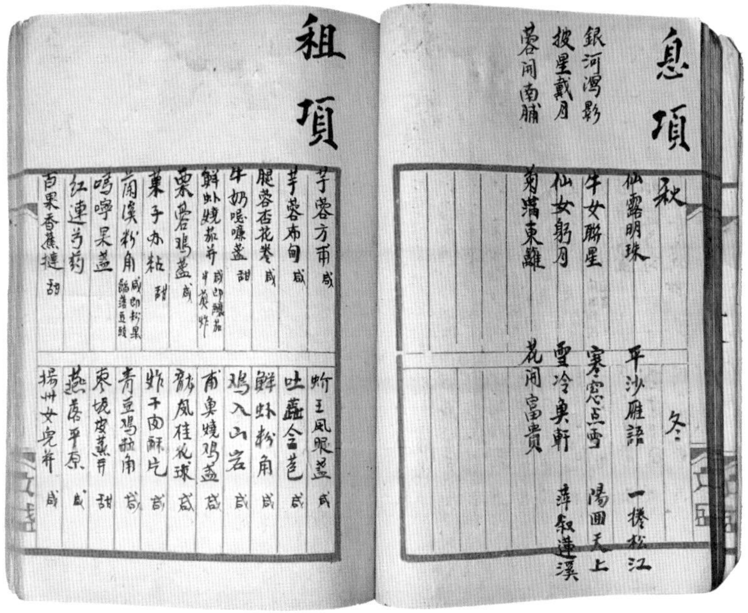

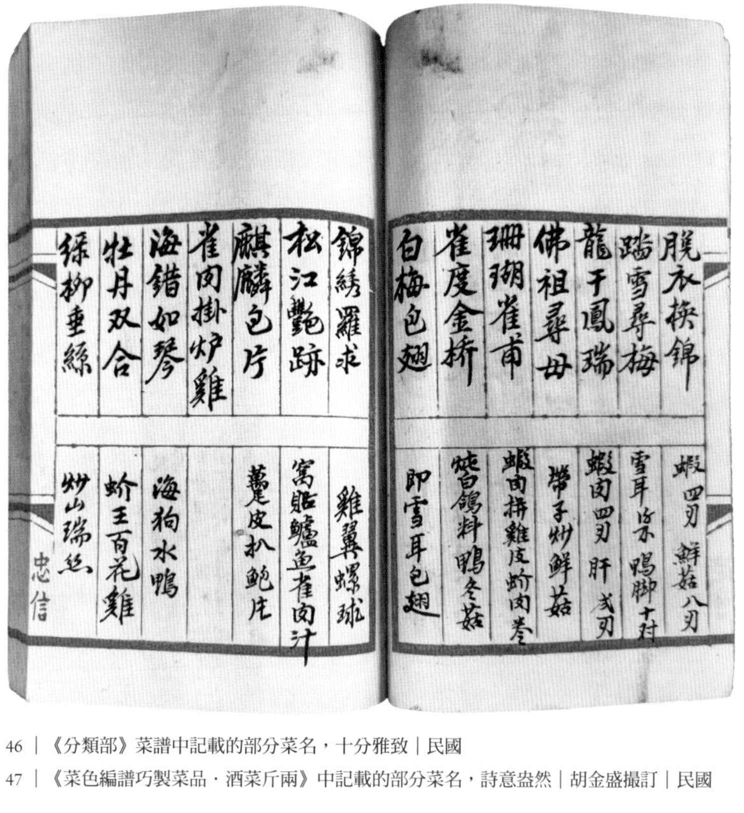

46 |《分類部》菜譜中記載的部分菜名，十分雅致 | 民國

47 |《菜色編譜巧製菜品．酒菜斤兩》中記載的部分菜名，詩意盎然 | 胡金盛撮訂 | 民國

的廚師對於美味誇張而樸素的表達，類似的菜名還有「神仙魚」「神仙鴨」等記載，不一而足。[48]

令人捧腹的錯別字

這些富有粵地特色的菜名在數百年廚火煙光中代代相傳。和許多中國傳統技藝一樣，庖廚也是一個依賴師徒心口相傳的行業，許多技藝秘而不宣，哪怕宣之也只可意會，不可言傳。歷代流傳下來的廚間記載，多出自好吃善吃的文人雅士之手，比如南朝宋虞悰《食珍錄》、北宋陶穀《清異錄》、隋代謝諷《食經》、南宋林洪《山家清供》、元代忽思慧《飲膳正要》、清代袁枚《隨園食單》等。要廚師將自己生平所學記錄下來，可謂難之又難，一是自古以來廚子社會地位不高，文化水平有限；二是講究口口相傳，鮮需文字記錄。廣州博物館尋到的一批民國菜譜，多是由民國老師傅有心搜集、總結、撮要、刪減而成的匯編；而菜單則是由民國茶樓、酒樓寫菜的「師爺」手書，或由紙店承印的。細讀這些難得的、別具粵地特點的珍貴文獻資料，驚歎於時人書法兼取法帖筆勢與江湖況味之雅正、以詩賦雅言與典故起菜名之佳妙，不時還能遇到令人捧腹的別字謬稱，意趣橫生。菜單不只是文物藏品，也是一幅幅書藝尺牘，還能從紙面的細節處一窺百年前廣州城市生活的豐富細節。（見前插頁圖Ⅰ、圖Ⅱ）

首先是聞音生義，直接就用同音字替代。比如「合（核）桃焗蝦筒」「臘味蘿白（蔔）糕」「文絲（思）豆腐」「山渣（楂）杏露」「五柳石班（斑）」「會（燴）麵」「蟹汁石辦（斑）」「蒸羔（糕）蟹」「炒尋（鱘）龍片」「北菇扒豆付（腐）」「毫（蠔）油臘腸卷」「百花讓（釀）北菇」「百花煎雀甫（脯）」「紅（鴻）圖大麵」「菜遠（軟）田雞飯」「蒜子堯（瑤）柱」「蘇（酥）炸雞肉」等。[49] 其次是利用同音簡化字，這種字的對應一般比較固定，一直到現在都比較典型，比如將「餐」寫作「歺」，「蛋」寫作「旦」，「黃」寫作「王」，「脷」寫作「利」等，比如「旦（蛋）王（黃）酥撻」「旦

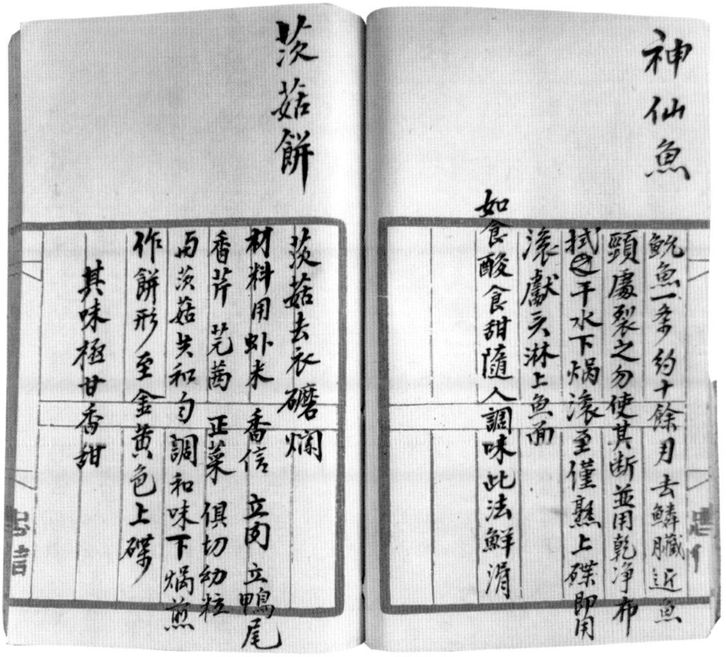

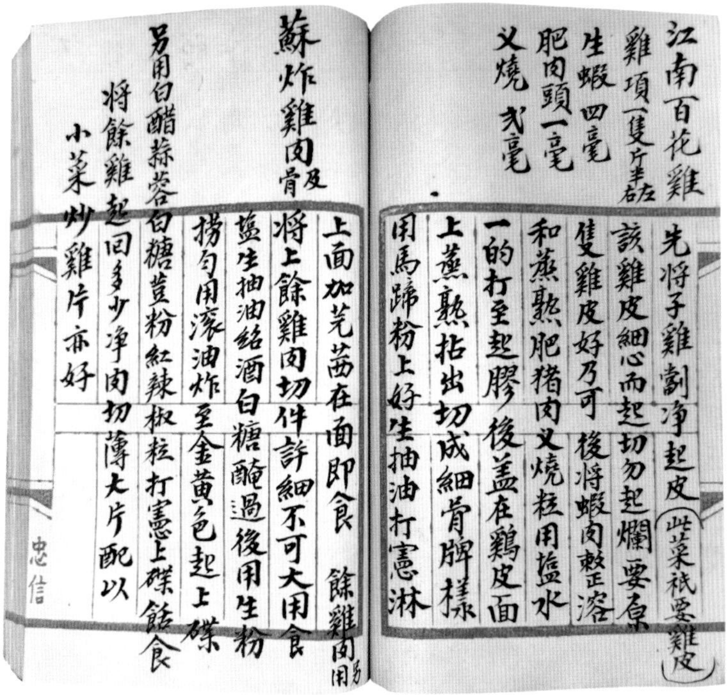

48｜《製時菜食品法則》中記載「神仙魚」的烹飪方法｜民國

49｜《菜色編譜巧製菜品‧酒菜斤兩》所見「蘇（酥）炸雞肉」、「乂（叉）燒」等別字舉例｜胡金盛撮訂｜民國

（蛋）糕」「鬆化旦（蛋）黃撻」「咀利（脷）」。還有一種簡筆別字，在粵式餐飲代表性菜式「叉燒」上出現最多，在不同菜單上都被印作或者寫作「义燒」，「叉」字少卻頂頭一橫，這是否為當時印刷工藝或書寫習慣影響的結果不得而知。其他還有一些讓人摸不著頭腦的別字，比如「蠔油叉燒飽（包）」「奶皮蓮蓉飽（包）」，「飽」「包」的粵語讀音音調差異比較明顯，何以會混為一談，還是並非個例？還有「蠔油辦（拌）麵」，「辦」「拌」粵語讀音迥異，倒是普通話是同音，而且廣州人一般稱「拌」為「撈」，同理還有「薩騎（其）馬」，大概寫此菜名者非粵地之人。

老廣也造詞

廣州開埠早，明清時期就跟老外打交道，清末第一批庚子賠款留學幼童中，廣東人就佔了多數，後來又有大批沿海地區的男丁出洋務工，粵語中逐漸增加了許多來自英語的詞彙，餐飲界也不例外，直接產生了許多從英文音譯過來的「生造詞」。如果說我們中文的化學元素周期表中的金屬元素，是「金字旁」加同音字形成的，那麼老廣菜單中的許多名詞，則是「口字旁」加同音字。不熟悉廣州地區俚俗語言的人乍一看，壓根摸不著頭腦。比如「鮮奶遮（啫）喱」是何物？其實「遮（啫）喱」就是果凍「jelly」的粵語音譯；又有「吰喱嗱旦撻」，「吰喱嗱」和「撻」分別是香草「vanilla」和餡餅「tart」的音譯；又有「忌廉花旦糕」，忌廉即奶油「cream」；「喱子奶布甸」，「喱子奶」未知何意，估計也是外來詞彙，「布甸」即布丁「pudding」；「鳳凰椰絲戟」，「戟」即煎餅「pancake」音譯「班戟」的略稱；「咖喱炆子雞」，「咖喱」即「curry」的音譯，十分有趣，能體現粵菜，尤其是點心充分運用西式食材、烹飪技法和工具的特點。這是粵菜兼收並蓄、中西並舉的實證，也是民國時期廣州西化程度較高的一種體現。

一張張寫滿奇珍異材的菜單，一個個飽含風花雪月的詩意、歷史典故和美好生活願景的菜名，點綴在餐頭桌尾和人們點單的聲聲熱切之中，似乎可以讓人們從鍋碗瓢盆的人間煙火中平地飛升，獲得一些超越世俗生活的祝福、憧憬和期盼。

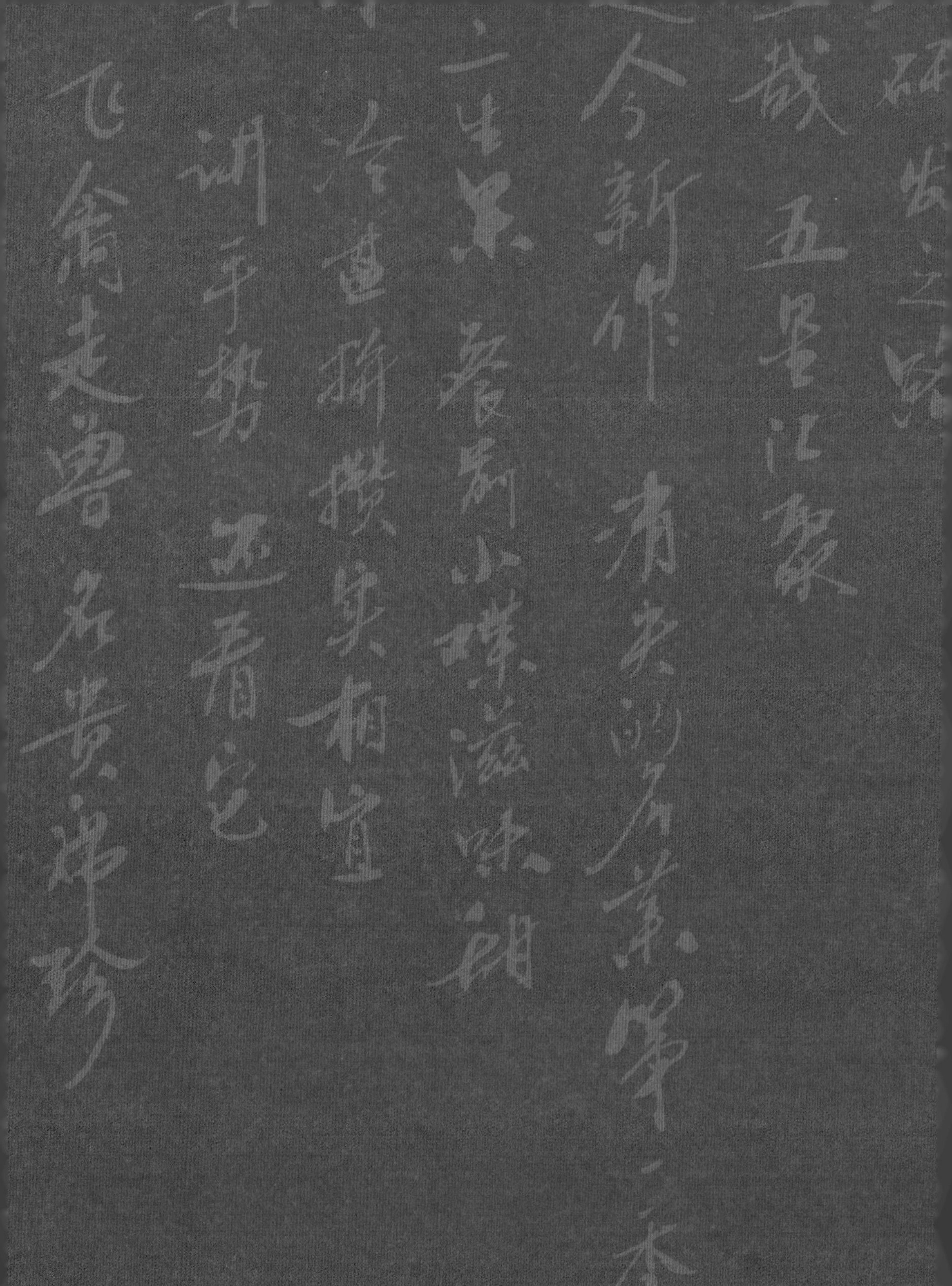
今新作
小楼
相宜
飞禽走兽

參 尋味

從紙面到餐桌

為了搶救和保存大量已經瀕臨消亡的民國廣州飲食習俗和文化，引領今天廣州飲食界尋根問祖，我們從收藏在博物館裡的菜單和菜譜出發，開啟了一段從紙面到餐桌的尋味之旅。

尋找消失的粵味

在南來北往的商旅行客口口相傳之間，在古今中外烹調技法和口味的融會貫通之中，在開放包容和適者生存的競爭心態作用之下，「食在廣州」的「美譽」在清末民初逐漸打響，茶樓和酒樓如雨後春筍，茶室異軍突起；帶外洋風味的西餐館、冰室各自爭艷，飯店和大餚館人聲鼎沸；街邊走鬼檔，依然在市井喧囂之中悠然叫賣。歷經二十多年的迅速發展，廣州的餐飲業在 20 世紀 30 年代達到頂峰，打造成響噹噹的金漆招牌。後人稱其時「咩都有得食，幾時都有得食，邊度都有得食」（粵語，什麼都有得吃，什麼時候都有得吃，哪裡都有得吃），成就了一段風流華彩的民國廣州食事。

百年前的煙塵已遠，一座座餐飲食肆興衰起伏，民國食林許多有口皆碑的名菜、名品慢慢從市場上消失。活色生香、「五滋六味」的鮮活佳餚，逐漸變成泛黃菜單和菜譜上凝固的文字，今人讀之似懂非懂，知其然而不知其所以然。本章從老菜單和老菜譜的還原與重塑出發，開啟一段從紙面到餐桌的尋味之旅。在旅途開啟之前，也許我們會好奇，是什麼原因，讓這些民國的味道像是封存在琥珀中的昆蟲標本，靜止在時光的長河裡呢？

從餐桌上遠去

經常會聽到老人家念叨，現在的菜都吃不出以前的味道了。這固然是追憶往昔、厚古薄今的感觸，但也並非毫無根據。在粵菜老行尊看來，隨著時代更迭和社會發展，今天的原材料品質、烹飪技法、出品標準等方面都與民國時期甚至廣州解放初有所差距。儘管今天流行的許多菜品，也流淌著往昔的基因，帶有當時的痕跡，但昔日原汁原味的傳統菜式和味道，很多終究還是難以尋覓。

首先，市場風向和百姓口味的變化。餐飲業是一個市場敏感度非常高的行業，「食在廣州」的招牌在大江南北、大洋彼岸打響，終究是「市場認可，客人滿意」的結果。隨著時代的更替，食品工業的發達，引發人們對味道和食物觀念的嬗變，即便是皇家滿漢全席擺在今人面前，也不一定符合口味；現代交通運輸網絡發達，天南海北的珍異食材皆可一鍵到達，口味的分化和差異愈加擴大；加之人口結構的變化和人員的遷徙流動，讓一座城市的口味更趨複雜多元，市場的趨勢日漸年輕化、健康化、「網紅化」。尤其近半個世紀以來，廣州從 20 世紀 50 年代的三四百萬人口，躍升至 2022 年的超過 1,800 萬人，劇烈的人口擴張和城市格局的更新塑造，促使傳統粵菜也根據市場應時而變，一些不適應今天的特質逐漸被淘汰，比如高糖高油高脂、好吃野味等。

其次，市場經濟觀念的衝擊。傳統粵菜講究繡花功夫和匠心精神，追求手工性和完整的製作過程，比如起全雞皮的刀工，技藝相當複雜考究，因而逐漸在這二三十年間講究效率至上的行業內備受冷落，許多類似的繁複技法技藝也是如此。工業時代，機器和流水線生產方式代替了大量人力勞動，對於不少餐館來說，也許從原料和備菜的階段就開始由機器代勞，許多講求口感、質地、功夫的傳統菜式，做出來的味道、效果和出品標準自然難以企及當年。

除此以外，還有師徒弟子口授心傳的傳承模式相對封閉。自古以來，為了保證烹飪秘技的特異性和保密性，傳統的餐飲業多採取口口相傳的模式，十分依賴代際接續，缺乏紙本手書的記載流傳，形成了一個相對封閉的習藝圈子。一旦師徒相繼的鏈條斷裂，比如後繼無人，徒弟沒有能力承襲衣缽，或是時局動盪，市場乏力不振，人才流散遷轉，許多烹飪技藝、手法和秘訣就會消亡。

最後是原材料的差異。在老師傅看來，因為環境、飼養方式和經營手法的改變，今天的雞鴨魚肉和四五十年前他們入行時相比都大為不同，更何況民國菜系。比如雞，今天哪怕是滿山放養的農家土雞，用傳統的做法都做不出當時的味道，因為雞的皮、皮下脂肪、肉感等，統統發生了質的改變。又比如蛋，用今天的蛋做「黃埔炒蛋」這道傳統粵菜，怎麼都炒不出風韻，哪怕農家土雞蛋，蛋黃的色香和蛋白的稠度都達不到傳統要求——當時的蛋黃是金紅色的，今天的蛋黃色淡，即使用飼料使之金黃，也缺乏醇香之味；好蛋黃用牙籤戳下去不歪不散，而今天很多一碰就攪爛了。再如蝦膠，從前用真正的西北江淡水河蝦手工剝開捶打而成，膠質爽滑沒有泥味，但隨著河道運輸的繁忙，自然生態的改變，使得這樣的蝦仁再難得到，冷藏的鹹水蝦仁，是沒有辦法與當年相提並論的。

「消失的名菜」項目誕生記

在各種因素的疊加下，那些昔日輝煌的菜式、那些記憶中的味道，逐漸離現代人的餐桌遠去。歲月流逝，唯文物恒久。一批從清末民初到 20 世紀 70 年代的菜單、菜譜，有陸羽居、新華酒家、華南酒家、廣東酒店、中華茶室等民國早期的本地著名食肆，還有《糖飴製造法》《菜色編譜巧製菜品》《美味求真》《美味清香》《各種品食類製法》《分類部》等菜譜，還可以讓今人一窺民國粵菜的歷史印跡。為了搶救和保存大量已經瀕臨消亡的民國廣州飲食習俗和文化，引領今天廣州飲食界尋根問宗，廣州博物館的研究人員深入研究和探佚，不但挖掘了民國名菜、點心和月餅等的詳細製法和訣竅，而且從中初探了粵菜源遠流長的發展歷史：清末民初，現代意義的粵菜逐漸形成，粵菜的基本特點，民國粵菜的價格、制式、規制、儀程，民國廣州餐飲業的基本業態等學術命題，都可以從民國菜單、菜譜等文物中反映出來。

從時間的維度看，這些民國菜單、菜譜記載的菜式，並不是距離今天太遠的事物，許多粵菜行尊的老師傅都是親歷者。加上 1949 年以後還有大量的口述材料、前人匯總可資借鑒，還原起來具有較大的可能性。不過要讓紙面的菜品真正「活起來」，煥發生生不息的活力，單靠博物館的研究仍顯不夠，還必須借助專業的餐飲團隊的力量。

其實，博物館與餐飲行業跨界合作，早有不少先例，有些餐飲企業直接利用博物館文物、館址建築外形或是 logo 等元素做成模具，製作雪條、蛋糕、餅乾等食品文創，這類轉化形式停留於表面，對文博內涵的挖掘相對不足；又或者根據出土食材、調味料，臆想古人烹飪技法而「還原」出菜式，由於缺乏古籍記述，或者年代過久，無據可考，有自行「搭配創造」的嫌疑。因此，廣州博物館在選擇此次尋味之旅的搭檔時，慎之又慎。

與廣州博物館一路之隔的流花路上，坐落著一間以創新精神著稱且非常有情懷的本土著名國企——中國大酒店，是廣州開啟改革開放征程的推動者和地標。近 40 年來，中國大酒店見證著粵菜的不斷演變，在餐飲文化的發展和推廣上一步一個腳印，推動粵菜傳承歷久常新。一次機緣下，廣州博物館副館長朱曉秋與中國大酒店飲食部總監張艷玉交流時，表達了「復原一批館藏老菜單中的名菜」的想法，希望中國大酒店與廣州博物館一起承擔老菜譜、老菜單的還原及重塑工作。嶺南商旅集團、中國大酒店管理層十分看重此次合作契機，珍惜與廣州博物館的合作之緣，雙方仔細敲定了重現粵菜經典的想法及實施方案，充分收集了各方意見，經過討論與協商，中國大酒店決定利用廣州博物館現有研究成果，以酒店中餐行政總廚徐錦輝師傅、點心部主管蘇錦輝師傅領銜的廚師團隊，共同打造「消失的名菜」項目，從民國老菜譜及老菜單中打撈、挖掘、還原與重塑一批民國粵菜、點心和月餅，從菜品的技藝技法、原材料、用餐器具、筵席規制儀程等方面著手，試圖重現嶺南人家團圓歡樂的「和味濃情」。

徐錦輝和蘇錦輝兩位廚師各有所長、交相輝映。徐錦輝是中國烹飪大師、中國烹飪協會名廚委員會委員、廣東十大廚神、廣州青年粵菜文化宣傳大使。自 1987 年從廚至今，曾獲全國烹飪大賽金獎、中華金廚獎等榮譽。他自小生活在廣州西關地區，對粵菜有著深入的瞭解和深厚的情感，從 2013 年開始，就著手研究傳統粵菜，推出以「尋找消失的粵菜味道」為主題的美食宴，在廣東省、廣州市政府的外事接待宴會、海峽兩岸經貿論壇、「讀懂中國」國際會議（廣州）等多個重要活動中亮相，成為展示粵菜文化的重要載體，受到出席活動嘉賓的高度讚賞。

蘇錦輝是粵式點心的行家，曾榮獲「中國烹飪大師」等稱號，擁有 40 年的點心製作經驗，深諳中式糕點的各個領域，堅持使用全手工製作，詮釋粵式點心的極致。曾跟隨「點心狀元」徐麗卿學習深造，繼承發揚傳統粵式點心的精華神髓。

還原與研發之路

「既驚喜，又興奮，又心驚」，這是主創團隊看到老菜單時的第一反應。驚喜、興奮，是因為有機會復原老菜式、推廣粵菜文化的責任感和榮譽感。心驚，則是由於缺乏相關歷史印證，對能否復原消失的名菜心懷忐忑。首先，他們發現，菜單、菜譜記述的每道菜多只有一個菜名，就算描述配料、做法也只是寥寥數筆。其次，受限於時代，當年的廚師和撰寫菜單的「師爺」文化水平往往不高，別字、錯字、誤字頻出，加之雙方溝通不免有出入，不一定表達描述得非常準確。而且老菜單、老菜譜還有不少使用了廣州話的俗語、俚語，很多語言習慣已經消失，今人在理解上會有困難。再次，以前使用的食材原料，如某些特定產地的菌類，已難尋蹤跡；以蛇之類的野生動物用作食材，也與今天的公序良俗和法律法規相違背；此外，在烹飪技法、口味、包裝手法、擺盤等問題上，是保留「原汁原味」，還是根據當代人的喜好進行調整，都需要廚師團隊逐一研究解決。

經過第一輪通讀研究，團隊發現有些菜品的名字似曾相識，是自家師傅在授藝過程中提及甚至演示過的，這些熟悉的或有把握的菜式被勾選出來；憑藉經驗和感覺，將看名字就能猜到幾分的菜品也列入備選；最後將完全不知其所以然的菜品列為一類。廣州博物館與中國大酒店廚師團隊通過廣泛搜羅歷史文獻、挖掘菜品背後典故、聆聽粵菜泰斗行尊口述訪談、精讀老前輩借給團隊的典籍文獻，如《飲和食德》、許衡先生的粵菜經典著作《粵菜傳真》《入廚三十年》等，盡可能地摸清名菜的具體做法，最終確定需要呈現的菜品系列。

針對每一道菜的創製，廚師團隊先參照書本技法再慢慢摸索製作過程，經過反覆討論和試驗，直到成型，再向老師傅完整地演示一遍，請老師傅品嘗、點評，該改進的改進，該推倒重來便推倒重來。菜品成型後，廚師團隊數次召集品鑒會，對菜式的呈現、包裝和擺盤等細節加以改進。其間新老兩代廚師之間發生了奇妙的化學反應：後輩的演繹喚醒了老師傅當年更多的細節回憶，離「消失的」技藝更近了一步，也豐富了傳統粵菜史料。原來，前輩在講授技藝和品評菜式的時候，後輩也同樣啟發著他們。在那平常、安靜的日子裡，不止於「口授心傳」的傳統範式，新老之間的技藝傳承在中國大酒店廚房繚繞的蒸汽中、鍋碗瓢盆的交響裡發生並昇華。[50]

二水果：水马蹄，水菱角

二糖果：糖椰角，姜汁嗜嗜糖

二京果：~~蜜钱果铺~~，甘草榄

二生果：沙田柚、甜黄皮

四冷荤：

陈皮鸭掌（新华大酒店）

金陵酥芋角（华南酒家）

~~锦卤云吞~~

~~五香牛肉~~

四热荤：

西施蟹肉盒（华南酒家）

煎酿明虾扇拼芙蓉虾薄饼　（陆羽居）

~~戈渣~~

~~菊花石榴鸡~~

三丝扒绍菜（陆羽居）

酿排骨

百花煎酿雀脯（陆羽居）

雪花鸡片（大金龙酒家）螺片芋鸡片合炒（食经上卷十五页）红烧金钱鸡

竹笙扒鸽蛋（大同酒家）（食经上卷十五页）

合浦珠还（食经上卷九九页）鲜虾片包炸核桃肉，肥肉粒卷成球上蛋白生粉炸。伴鸡子戈渣

金银玉柱

50 | 師傅在菜式還原研發過程中所做的筆記

51 ｜陳勳（左二）正在講述民國時期粵菜的發展情況，徐麗卿（右二）翻找老菜單中曾經做過的菜品，徐錦輝（左一）和蘇錦輝（右一）認真聆聽記錄，這是粵菜餐飲行業新老兩代人理念交流的珍貴影像。

幸甚至哉　五星匯聚

除了博物館對菜單的基礎梳理和研究以及廚師團隊對菜式的實踐以外，五位粵菜泰斗、餐飲界權威也因為「消失的名菜」項目而相聚，深度參與到項目的研發和創作過程之中。他們分別是粵式點心大師陳勳先生、中國烹飪學院院長黎永泰先生、中國粵菜烹飪大師梁燦然先生、十大中華名廚林壤明先生和點心女狀元徐麗卿女士。他們都是粵菜界的重量級大師，尤其是當時已經 98 歲的陳勳先生。然而，讓人悲傷的是，老先生在參與完第一季的創作之後便溘然仙逝。讓人覺得慶幸的是，我們抓住了最後的時間和機會，在老先生身畔聆聽他講授傳統粵菜的掌故和技巧。他有問必答、傾囊相助的熱忱，讓大家十分感動。51

52 ｜陳勳先生 98 歲仍親臨現場，指導廚師團隊還原「消失的名菜」。

廣州點心界流傳著「西有羅坤，北有陳勳」的說法。陳勳被業內推為「粵點泰斗」「一代宗師」，廣州人親切地稱其為「勳叔」。2018 年，陳勳老先生攜弟子登上《舌尖上的中國 3》，展示了「玉液叉燒包」的製作工藝，令人印象深刻。陳老接受採訪時，年雖近百，但聲音渾厚，頭腦清晰，反應極快，無論廚師團隊拿著菜單上的什麼點心向他提問，他都可以準確地將做法娓娓道來，幾乎不需要多少思考時間，每個點心的做法早已經深深刻入他的腦海；有時團隊詢問表述不清，只道出片言隻字，他也可以立刻反應並準確做出指導。

勳叔在採訪中將技藝掌故和人生道理一併傳授給後輩：釀餡、乾蒸餡、百花餡、魚膠餡分別是怎麼製作的，當時做點心的盞形有海棠、菊花、欖核、西洋蛋糕、金銀蛋糕等，琳琅滿目；民國筵席中，高檔器具用錫器，抗戰後用銀器，解放後用瓷器，現在則用金器；「點心佬，懂得運用東西，沒有浪費東西的，要物盡其用，（懂得）怎麼利用它」，道出了粵菜文化的精髓。這樣一位老先生，一位粵菜泰斗，口頭禪居然是「只是我理

53｜陳勳先生年輕時在北園酒家工作的照片

解」「我當時是這樣做的」「我的理解是這樣的」，意思是他已將自己的經驗和盤托出，但僅為一家之言，可見其謙虛而內斂、嚴謹而慎重的作風。52、53

「學術派」的黎永泰和梁燦然先生，教書育人，為廚壇輸送了大量人才。黎永泰先生深耕廣州餐飲業數十載，是中國烹飪大師、中國烹飪協會名廚委員、世界國家職業技能競賽裁判員，任職過各大烹飪學校，被稱為「粵菜教頭」「黎校長」。他烹飪學養深厚，談吐有致，將珍藏的古籍分享給廚師團隊參考，經他點撥後，廚師往往能豁然開朗。

梁燦然是原廣州市旅遊學校高級教師，特一級廚師，師從許衡、梁應、黎和等粵菜大師，從 1993 年開始至 2012 年都擔綱廣州美食節的評委，他擅用簡潔清晰的語言描述粵菜的特點，點評菜式切中肯綮，令人茅塞頓開，廚師團隊都讚其「見多識廣」。

另兩位是「實踐派」。林壤明，廣州市泮溪酒家行政總廚，中式烹調技師，曾榮獲「中國烹飪大師」稱號。一畢業就進入當時全國最大的園林酒家泮溪酒家，多次作為中國烹飪代表團成員參加國際大賽，曾接待眾多中外領導人和名人。他創製了名菜「雕刻冬瓜盅」，還首推「顧客點製法」，要求廚師做到「菜譜上沒有的菜，只要顧客提出來，就要滿足客人的需要」。他言談爽利，對食材、就餐環境十分敏感。

「點心女狀元」徐麗卿，廣州市大同酒家特一級點心師。1988 年 5 月，她作為廣東省唯一女選手參加全國第二屆烹飪大賽，所創作的三款點心均獲獎牌，其中「銀魚戲春水」獲金牌，「寶鴨穿彩蓮」和「荔浦香芋角」獲銀牌。1990 年在盧森堡參加第六屆世界烹飪杯大賽，獲麵點個人賽銀牌兩枚。她還多次前往比利時、美國、日本、韓國等國家和港澳、北京、上海等地表演、授課和交流，為中國烹飪和廣式點心的發展做出貢獻。[54]

54 ｜上起：黎永泰、梁燦然、林壤明、徐麗卿

民國老筵今新作

民國時期的粵菜名席，源自清代的滿漢全席，百年前曾是廣州市民生活中一抹奢華的亮色。廣州博物館館藏的一張陸羽居菜單上，蟹蓉燕窩、花膠雞絲、南華雙鴿、炒芙蓉蝦、正毛尾筍燉神仙鴨、夜合雞肝雀片、片皮乳豬、蟹汁石斑、燕窩白鴿蛋……各色菜品，食材華麗，稱謂雅致；五大碗、四小碗、二冷葷、點心一度；六大碗、四七寸、四熱葷、點心一度；十大件、四熱葷、點心一度、伊麵九寸……制式完備，引人矚目。

民國時期廣州，高檔筵席集中體現了粵菜烹飪技藝和

消失的名菜第一季

食材運用的最高水平，其菜式次序、規制儀程、歌舞宴樂等，對日後的粵式筵席制式有著深遠影響，起著藍本和示範作用，也充分展現了粵菜海陸共融、南北一爐的性格。因此廣州博物館、中國大酒店廚師團隊與粵菜泰斗行尊商定，二〇二〇年「消失的名菜」第一季從筵席制式入手，重現民國粵筵風采，名曰「粵席雅宴」。根據粵菜名籍、泰斗口述、現有研究資料，摸清每項制式的內涵，選定每項制式的菜式，融入現代烹飪技法進行創新，形成一張古今融匯的粵筵菜單，讓百年前的民國舊筵在今天煥發新顏。

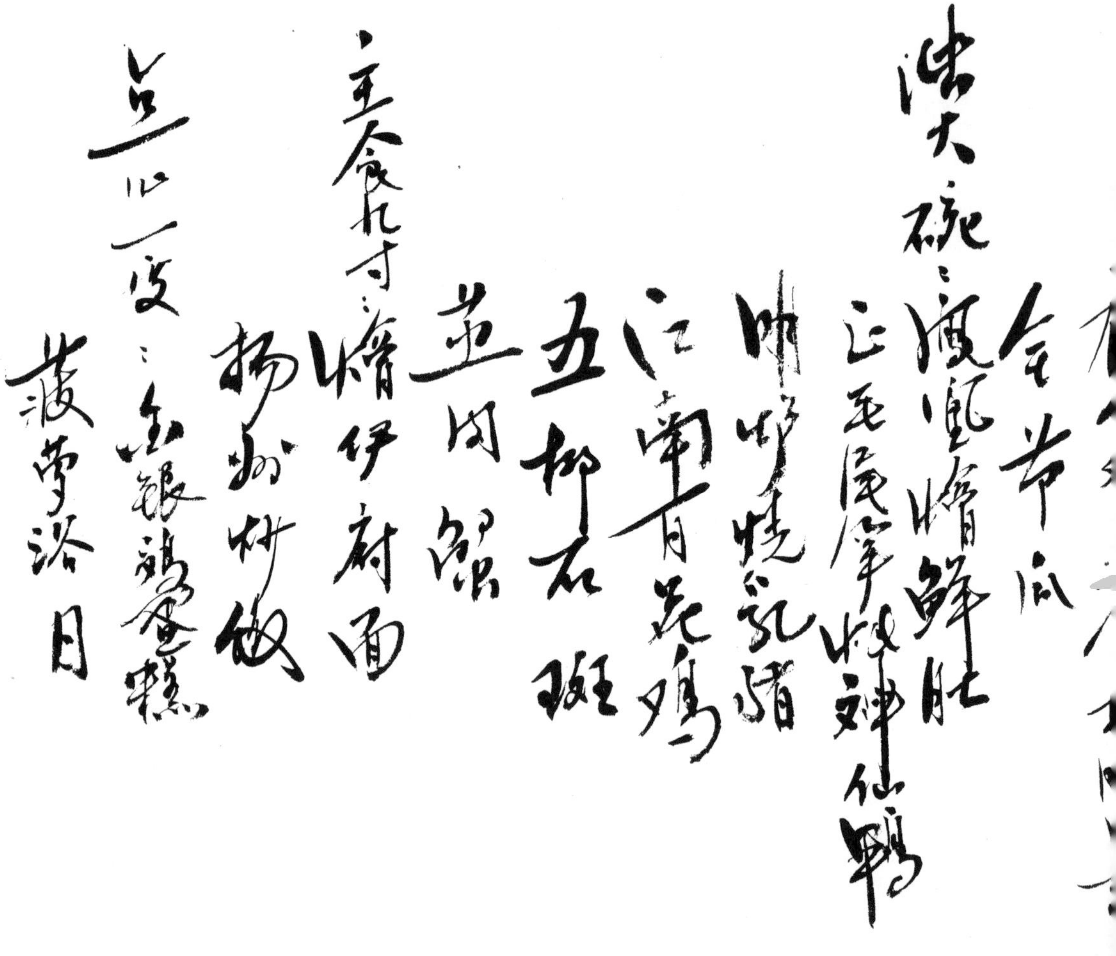

二京果	果脯兩樣
二生果	生果兩樣
四冷葷	燒金銀潤 雞絲拉皮 千層鱸魚塊 汾酒牛肉
四熱葷	煎明蝦碌 炒響螺片拼燒雲腿 夜合雞肝雀片拼脆皮珍肝夾 全節瓜
陸大碗	鳳凰燴鮮肚 正毛尾筍燉神仙鴨 明爐燒乳豬 江南百花雞 五柳石斑 蒸肉蟹
主食九寸	燴伊府麵 揚州炒飯
點心一度	金銀雞蛋糕 菠蘿浴日

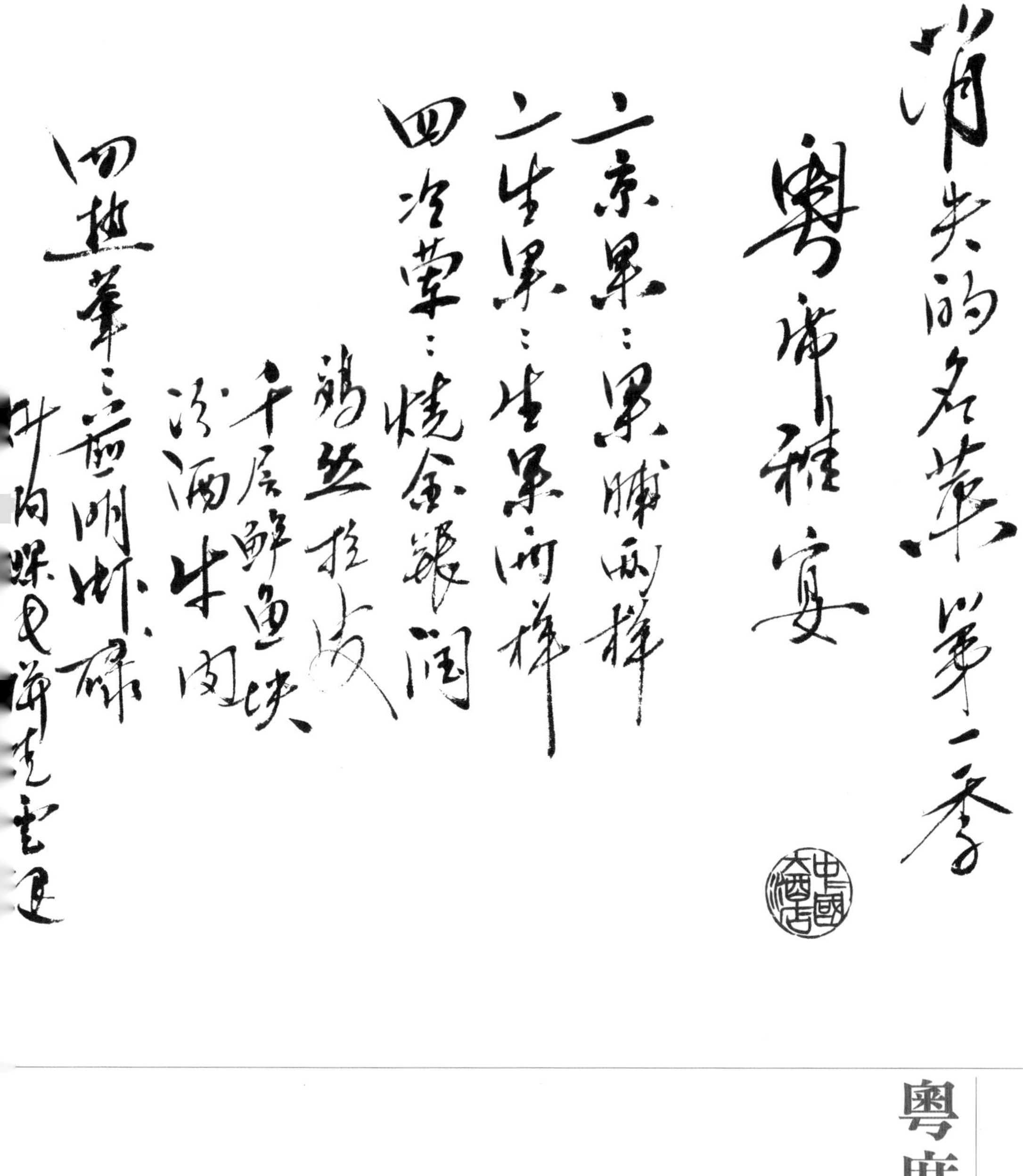

粵席雅宴

二京果

果脯兩樣

二生果

生果兩樣

二京果，二生果，餐前小碟滋味甜

京果，是民國粵式筵席常見的開胃果點，源自滿漢全席，即我們今天的果脯蜜餞。明代女真人的族地「建州老營」曾是著名的蜂蜜產地，滿人用蜂蜜製作甜食的習慣由來已久，盛京（今瀋陽）大內宮中就專門設有「熬蜜房」，這種風俗隨清人入關後蔚然成風。乾隆皇帝就嗜食水果，地方官員投其所好，大肆進貢。當時由於條件所限，大宗水果無法長期保鮮，蜜漬是最好的貯存方法，而口味又別具一格，有鮮果達不到的風味，上行下效，促成了北京商肆「果子局」和「果子舖」的興起，時人習稱之為「京果」。此外，筵席中還搭配有「生果」，指的是可以生食的鮮果，概念與今天所說的「水果」近似，當日之「水果」反而另指他物，後文再述。

筵席正式開始前，賓客品茶交談之間，京果和生果先擺上席來，以精緻小碟呈上，京果會選擇提子乾、南棗核桃、桂圓乾、蜜餞淮山、柿餅、人面子等；生果有蘋果、甜橙、荔枝、沙田柚等，搭配隨時令而變化。「粵席雅宴」選用了夏秋兩季常用的杏脯肉和金橘兩款生津止渴的蜜餞各四兩，加以青提子和冬棗兩款清新生果，組成「二京果」「二生果」的制式，用清甜味道和爽脆口感喚醒味蕾。

除了「京果」「生果」以外，滿漢全席中的餐前果點，還包括「酸果」，即醋漬的果子，如酸沙梨、酸蕎頭、酸子薑、酸青梅；「水果」，含義與今天的水果不同，指的是水生的果子，如馬蹄、蓮藕、菱角等；「看果」，即用以席間觀賞、營造氛圍的觀賞果子，一般用木瓜、沙葛之類質地較硬的果子，雕刻成各類生果的形象，技藝高超者幾乎可以以假亂真，如像生香蕉、像生雪梨、像生四季橘、像生潮州柑等。為了便於推向市場，適應今人的生活節奏，「粵席雅宴」將類似制式進行了簡化和減省。

雞絲拉皮　燒金銀潤　千層鱸魚塊　汾酒牛肉

四冷葷，冷盤拼攢實相宜

「二京果」「二生果」呈上以後，便是傳統筵席中的「宴中首式」——「冷葷」。冷葷，是滿漢全席中用醃、拌、熗、燻、滷、醬、凍、漬、醉等烹飪方式製成的葷類冷食。清朝的皇帝喜歡吃「攢盤」，比如乾隆時有「蘇造雞、蘇造肉、蘇造肘子攢盤」，即用蘇式醬雞、醬肉、醬肘子碼成的冷拼。孔府菜則稱其為「冷盤」「圍碟」。冷葷以「雜嚼」或「散食」之態，最終躋身餐中的冷碟正饌，是中國傳統食俗的重要演進，並逐漸發展成一套專門的烹飪體系，甚至還昇華出「先冷後熱」的飲食理律，這也使冷葷成了首式定格。

「粵席雅宴」選擇了燒金銀潤、雞絲拉皮、千層鱸魚塊和汾酒牛肉，組成筵席中「四冷葷」的制式。燒金銀潤和汾酒牛肉為民國時期廣州傳統老店新華酒家的拿手名菜。金銀潤是廣式臘味中的一種，是廣東城鄉家庭在春節前後趕製的臘製品。「臘」是一種歷史悠久的肉類食物處理方法，可以追溯到商周時期，是指把肉類以鹽或醬醃漬後再風乾。農曆十二月又稱為「臘月」，因為天氣寒冷且乾燥，肉類不易變質且蚊蟲不多，適合製臘味。原則上一切肉類都可以臘，但普通豬肝做醃臘不好吃，老廣琢磨出金銀潤（粵語，豬肝為豬潤）的做法。先把豬肝切成條狀，再往中間灌入優質肥肉，臘製而成後，外表金黃，內在銀白，故有「金銀」之稱；豬肝甘香，肥肉入口即化，吃起來肥而不膩；外觀晶瑩剔透，也有「金銀皆多」和「豐潤」的吉祥含義。金銀潤的製作很考手藝，一般人做不出來，只有高檔飯店才有這道菜，所以逐漸從市面上消失。

汾酒牛肉的製作有兩個傳說。第一個傳說是江浙有個大戶人家的廚師，醃製牛腱的時候，發現食鹽所剩無幾。他想起屋外有塊石頭經常滲出一些鹽花，所以刮了一些回來，連同汾酒一起將牛腱醃好。無奈此時主人召喚他另排筵席招待客人，廚師只好將牛腱掛於井中以保鮮。幾天的筵席辦完，廚師預料井中牛腱定然變質，出乎意料的是，牛腱非但沒有變味，煮熟之後，更是散發出陣陣肉香，呈現出醬紅色。廚師百思不得其解，這時一名道家弟子經過，知道事情始末後，向他娓娓道出其中因由：原來從石頭上刮下來的不是鹽，而是火硝（主要成分是硝酸鉀），牛肉之所以數天不腐敗，能保鮮、賦香、賦色，皆源於此。道家有煉丹服藥的傳統，故其知當中玄機。從此，火硝便在江浙一帶廣為應用。第二個傳說是慈禧太后吃膩了山珍海味，讓太監養了幾頭牛，只餵粗飼料和酒，喝了酒還不讓它睡，要太監拿著鞭子趕著牛滿山坡奔跑，殺了牛後，就吃牛小腿的肌肉。杭州紅泥花園的廚師聽說後，用此種方法飼養的牛創製出一道杭州風味菜。兩個傳說不約而同都與江浙有關，顯見此菜必然為江浙風味，是清末民初粵菜受江浙影響的一個側影。第一個傳說更為寫實，應當為熟於庖事之人所作，細細列出了汾酒牛肉先醃後煮再切片的過程，第二個更似附會之說。

雞絲拉皮和千層鱸魚塊本是點心，在「粵席雅宴」中則充任冷葷，是粵菜「廚為點，點為廚」的體現。據陳勳先生回憶，雞絲拉皮是一個涼點，如今已經很少做了，往日他們製作時，需用純正馬蹄粉開漿製皮，甜鹹味都無所謂，甜的就下糖，鹹的就下鹽、味精或其他調料。將雞絲、冬菇絲、筍絲切好煮熟，以馬蹄粉皮一捲即可。千層鱸魚塊是來自陸羽居老菜單中的「名貴美點」，亦是「四冷葷」中製法最為複雜、口感最為細膩的得意之作。徐麗卿師傅在 20 世紀六七十年代曾跟隨老師傅做過，該點心採用豬油起酥製成傳統廣式酥皮，並吸收了西餐做法，加入牛油一併起酥，使酥皮顏色更為突出，味道更加香濃。所謂千層酥皮，是將麵皮不斷捶打之後重合摺疊，最終成品摺疊出 60 層左右的酥皮。陳勳先生指點竅門，酥皮的一頭一尾沒有那麼起發，可以充做底皮，再放鱸魚：鱸魚改刀成厚一點的片再醃，就更加入味，另可搭配火腿。千層鱸魚塊成品分為五層，分別為酥皮、冰肉、火腿、鱸魚、欖仁，口感豐富多元，還與廣州博物館主館址鎮海樓的層數不謀而合，更別具深意。

腰花糯米鷄 軍票三拾五錢 儲券一元九毫四

陸羽居

名貴美點

品名	軍票	儲券
芙蓉蝦薄餅	二十錢	一元一壹
千層鱸魚塊	二十錢	一元一壹
合桃煱蝦筒	十伍錢	八毫三
三絲蚧肉卷	十伍錢	八毫三
臘味蘿白糕	十五錢	八毫三
蠔油义燒飽	十伍錢	八毫三
鮮蝦鳳冠餃	十錢	伍毫六
崧化旦黃撻	十伍錢	八毫三
欖茸香酥角	十伍錢	八毫三
鳳凰椰絲戟	拾伍錢	八毫三
蓮糖煎軟糕	拾伍錢	八毫三
玫瑰鴛鴦卷	拾錢	伍毫六
鷄油馬蹄糕	拾錢	伍毫六
生煱桂林糕	拾錢	伍毫六

小食鹵味

品名	軍票	儲券
鳳凰會鮮肚	四十伍錢	二元伍毫
酥脆炸新蠔	四十五錢	二元九毫
喋喱炆子鷄	四十伍錢	二元九毫
三絲扒紹菜	四十五錢	二元九毫
酸菜牛三星	四十伍錢	二元五毫
翡翠玉龍珠	四十伍錢	二元五毫
洋菜燉陳腎	四十伍錢	二元伍毫
油鷄白鷄	六十錢	三元三三
花心珍肝	六十錢	三員三三
明爐乳猪	伍拾錢	二元七八
合時臘味	七拾錢	三元八九
燒排骨 鹵猪肚 明利 咸旦	四十伍錢	二元五毫
乳猪 油鷄 飯 每碗	卅五錢	一元九四
飯菜 每碗	三十錢	一員六七

臘味飯每碗 軍票三拾伍錢 儲券一員九四

長壽東路奇昌承印

陸羽居菜單裡「千層鱸魚塊」實現了從紙面到餐桌的默默轉化

油皮用料

低筋麵粉七百克、薯粉四百克、豬油五百克、牛油五百克

水皮用料

低筋麵粉一千克、豬油五百克、清水七百克

餡料

鱸魚、火腿、冰肉、欖仁、麵粉、牛油、豬油、雞蛋

製作方法

① 切片：鱸魚、火腿、冰肉、欖仁切成片。

② 開粉：按油皮和水皮的用料比例，麵粉、牛油、豬油、雞蛋拌勻，分別製成油皮和水皮的麵糰，放入冰箱冷凍待用。

③ 開皮：油皮和水皮擀成薄皮，兩皮覆疊後再反覆以三／三／四摺疊，擀薄成層次分明的麵皮，並切成片狀待用。

④ 烘焙：片狀的麵皮放在烘盤上，中間放鱸魚、火腿、冰肉和欖仁，上面再放一層麵皮，掃上雞蛋液。放入烘爐，烘熟至金黃色即可。

煎明蝦碌　炒響螺片拼燒雲腿

全節瓜　夜合雞肝雀片拼脆皮珍肝夾

四熱葷，
講手勢，還看它

冷葷過後，熱葷續之。熱葷，是指將食材用去骨、切件、切粒等技法處理後再炒炸而成的葷類熱食，是一桌筵席中的精華所在，最彰顯廚師的手藝水平。如前文所述，清末民初粵式筵席的形成，受官宦名士之家的家廚影響頗深，家宴在廣府人家十分興盛，有名的大廚需要在各家之間「趕場」——剛在張家做完午宴，就得趕到王府製作晚宴——甚至因為晚宴的規格更高，對名廚的需求更旺，有時會出現一個師傅需要趕兩場晚宴的情況。雖然要節約時間，但師傅在趕去下一家之前還是要親手完成幾道熱葷，因為它最講究爆炒煎炸的鑊氣，最講手藝，一定要大廚親自操刀，後面的硬菜雖然名貴，但製作程序相對固定可控，由幫廚等負責完成即可。陳勳先生盛讚，熱葷是筵席當中最精緻的制式。

拿出自己的招牌之作——「撚手小炒」，是粵菜師傅做好服務、打響口碑的秘訣。在各類服務人員追求「無聲服務」的同時，名廚是唯一能在主客面前對答發言的。當熱葷上完，大廚就會換上長衫走進廳堂，聽取主客對菜式的點評，表示感謝後再離場，筵席也在此儀式後才會繼續進行。「粵席雅宴」選取的是煎明蝦碌、炒響螺片拼燒雲腿、夜合雞肝雀片拼脆皮珍肝夾、全節瓜作為筵席中最講究的「四熱葷」，其選料、擺盤講求精巧，這也是老行尊品評甚多的環節。

首先是煎明蝦碌。它是一道以蝦為原料的菜式，必須將蝦體處理得當，許多師傅都掌握了蝦的處理方法，卻沒有注意總結，只知怎麼剪，卻不知為何要剪，或者處理時下錯刀口，方向和順序也不甚講究。哪裡下刀最好，最容易將髒物、內臟清理乾淨？在老前輩的指點下，經過反覆觀察、試驗和改良，主創團隊將傳統的「剪蝦七步法」總結如下：一是剪蝦鬚，否則醬汁容易順著蝦鬚引流，四處滴散，入口也不雅觀；二是去蝦槍，其不便入口，食用時容易戳到口腔；三是挑蝦腦，蝦頭中藏有蝦胃，是重金屬元素集聚之處；四是除蝦線，要從第二節處挑出，此處常有砂礫，影響口感；五是去蝦腳，其數量多且密集，不利於刷洗腹部；六是剪撥水，蝦尾兩邊的「小扇子」稱為「撥水」，基本無肉；七是剪「尾槍」，食用時避免戳到口腔。「剪蝦七步法」體現了粵菜師傅的講究、用心，十分注重客人的用餐體驗。

將剪好的整隻明蝦烹飪至熟，下鹽引出鮮味，再加入廣府特有的傳統調料——嗆汁，外層滋味濃郁，內層鮮嫩彈牙。在研發過程中，梁燦然先生指出，遍翻傳統粵菜書籍，傳統的乾煎蝦碌一定是從中間切一開二的，基本不是現在這樣有頭有尾的；林壞明和徐麗卿師傅都覺得蝦體過大，大就顯得粗笨，一開二又不太好看，而且有頭有尾寓意更好，建議可以採用小一點的蝦。黎永泰先生解釋道，如果要一開二，確實要這麼大的，以前做煎釀明蝦，更加要用大蝦。幾位前輩商定用八頭蝦（一斤八隻之意），且不開邊更雅致美觀。

第二道熱葷為「炒響螺片拼燒雲腿」。燒雲腿的工藝目前在市面上近乎失傳，勉強能夠製作的酒樓做得也不理想。根據傳統做法，要將金華火腿用濃冰糖水浸泡數天至糖心狀態，再用濃稠蛋漿包裹，在油鍋中炸至金黃脆身，這就非常考驗廚師的技巧和耐心。將螺尾螺頭等多餘的部位切掉，保留螺之精華，用滾刀法將整隻螺切開，形成相連的厚片，用高湯灼至半熟，隨即快速爆炒上碟，與糖心雲腿相搭配。甘香濃郁的燒雲腿搭配鮮美響螺，鮮美脆嫩，令人垂涎。這道菜最為強調的是保留傳統粵菜的調味方式，搭配傳統蝦醬作為響螺片的蘸汁。

筵席食材的搭配和擺盤是非常講究的。在研發階段，黎永泰先生指導該菜品的擺盤，建議雲腿的擺放不要完全對稱，可呈大小邊，作鳳尾形，如摺扇展開，孔雀開屏，鳳尾搖曳。此外，裝碟也不宜過大，雲腿給出五兩的分量即可，無須太多。火眼金睛的他用叉子叉出一條五厘米長的菜心，向廚師團隊展示並解釋道：以前出熱葷，最長都是這樣，不會超過這個長度，而且菜心和火腿的量要控制。梁燦然先生也補充道：十條菜心、十件火腿就夠了。由此可見，熱葷非常注重擺盤的精巧雅致。

夜合雞肝雀片拼脆皮珍肝夾和全節瓜為最後兩道熱葷，體現了粵菜烹飪所秉持的物盡其用的節約理念。夜合，是夜來香和百合的合稱，傳統上也有夜合蝦仁等名菜。此菜用雞肉、雞架吊出來的雞湯浸熟雞肝，加上煎香的雞片和筍片，撒上清香的夜來香花瓣；用香脆的麵包把滷水雞肝和冰肉夾在一起，製成脆皮珍肝夾，並在盤邊圍上十個作為伴碟。在粵菜術語中，一般用兩件的原料上下重疊在一起稱為「貼」，三件的稱為「夾」，四件則稱為「鍋貼」，不過實際上廣州人更喜歡都叫作「千層」。這道菜式巧妙地運用了雞的各部分入菜，包括雞肉、雞架、雞肝等，充分利用，絕無浪費。而全節瓜更是如此。節瓜是最普通不過的食材，但在老師傅們看來，這道菜中節瓜才是真正的主角，如何處理節瓜才是重頭戲。用簡單的食材烹調出極致的美味，這是手藝功夫的最高體現。廚師需先將節瓜瓤心挖空，再釀入豬頭肉、蝦肉、蝦米、冬菇打成的餡。為了讓清淡的節瓜能和味道豐富的肉餡分庭抗禮，浸泡節瓜的湯底必須別有滋味。他們摒棄和肉餡味道相近的上湯，採用鮮濃魚湯浸煀。這個過程最為講究火候與時間，要讓節瓜足夠入味而不軟爛。煀好的節瓜既有魚鮮，又有肉之甘香，更有「節節高」的寓意。食材雖簡，卻展現了鑽研細究的繡花功夫。

煎明蝦碌
七步剪蝦法

① 剪蝦鬚：不然蝦鬚容易紮臉，醬汁也容易順著蝦鬚，四處滴散，入口也不雅觀。

② 去蝦槍：其不便入口，食用時容易戳到口腔。

③ 挑蝦腦：蝦頭中藏有蝦胃，是重金屬元素集聚之處。

④ 除蝦線：要從第二節處挑出，去除蝦中藏有的髒物，且此處常有砂礫，影響口感。

⑤ 去蝦腳：其數量多且密集，不利於刷洗腹部。

⑥ 剪撥水：蝦尾兩邊的「小扇子」稱為「撥水」，基本無肉。

⑦ 剪「尾槍」：食用時避免戳到口腔。

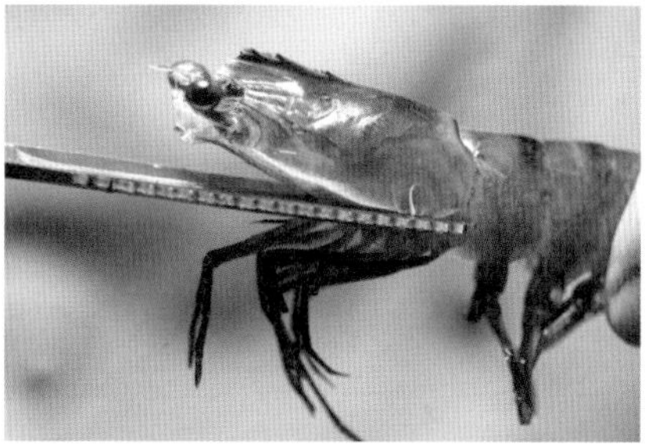

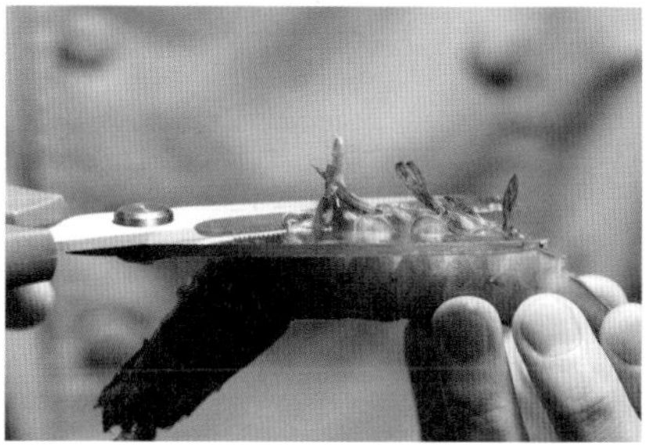

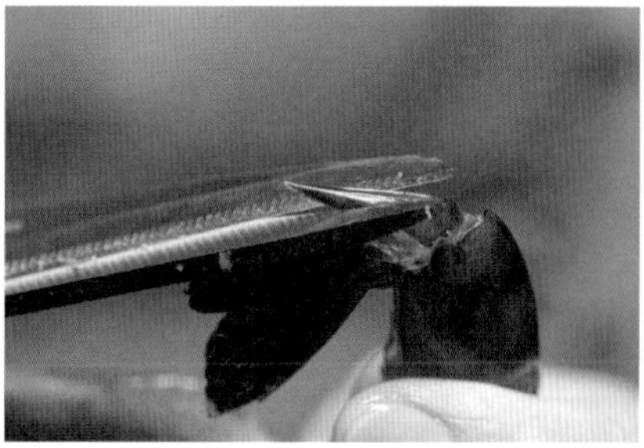

1	
2	
3	
4	5
6	7

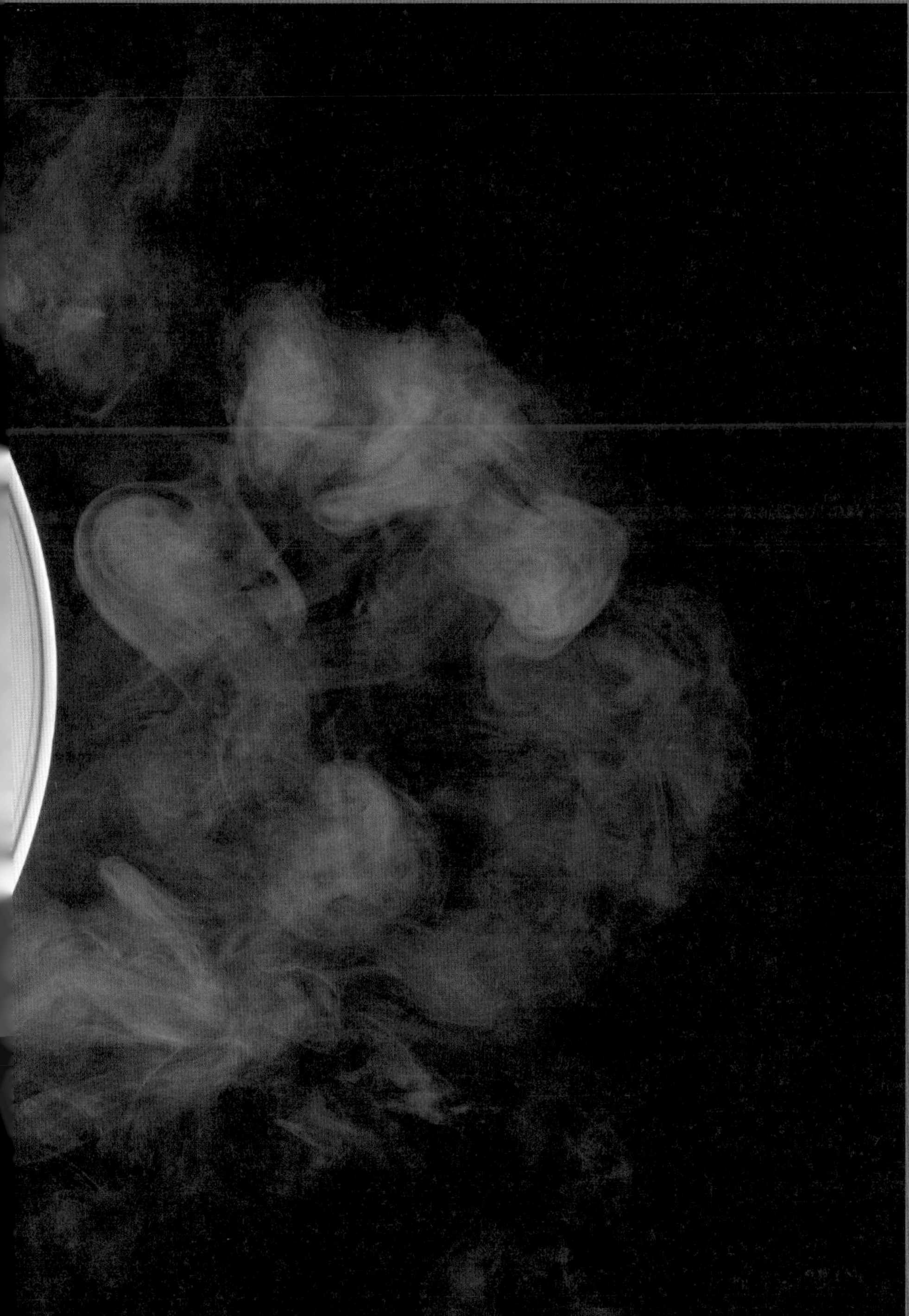

鳳凰燴鮮肚

陸大碗

正毛尾筍燉神仙鴨

陸大碗

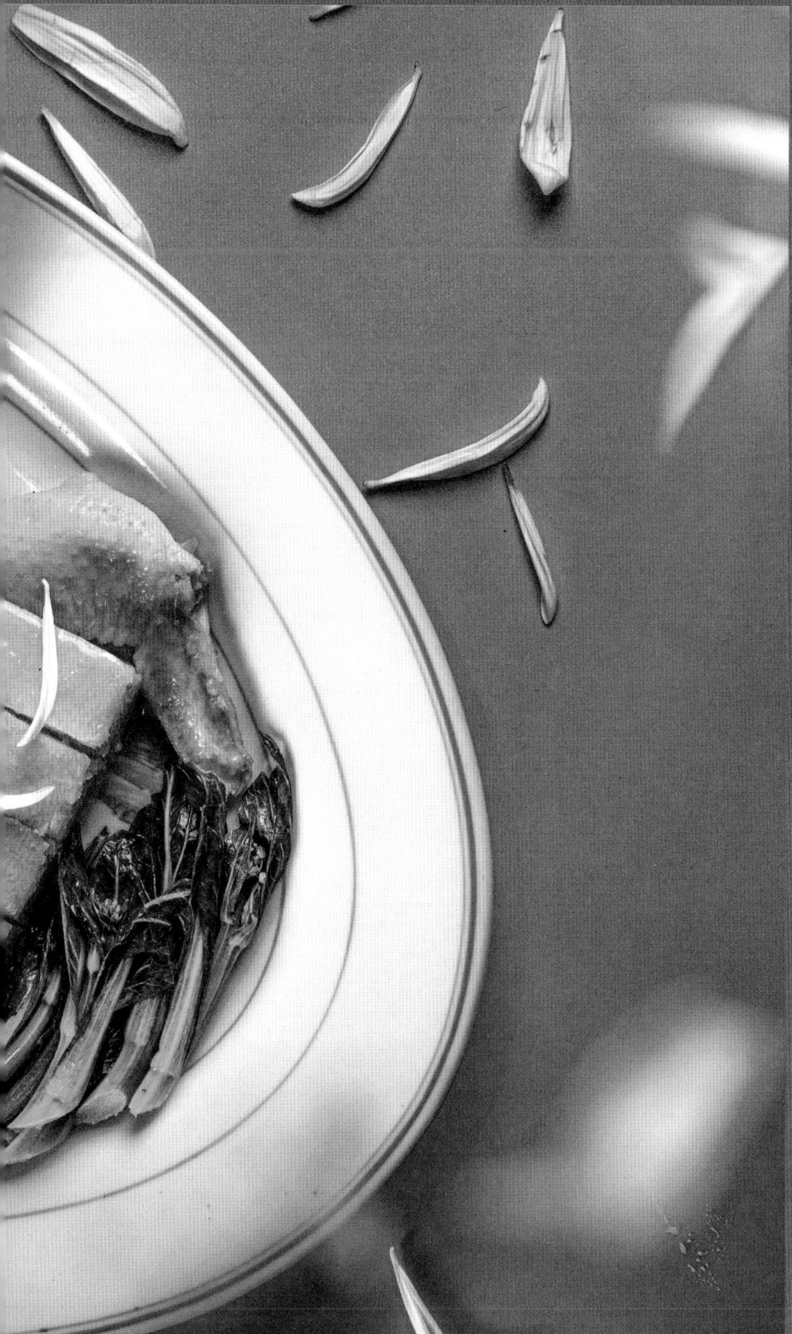

江南百花雞

陸大碗

明爐燒乳豬

五柳石斑

陸大碗

蒸肉蟹

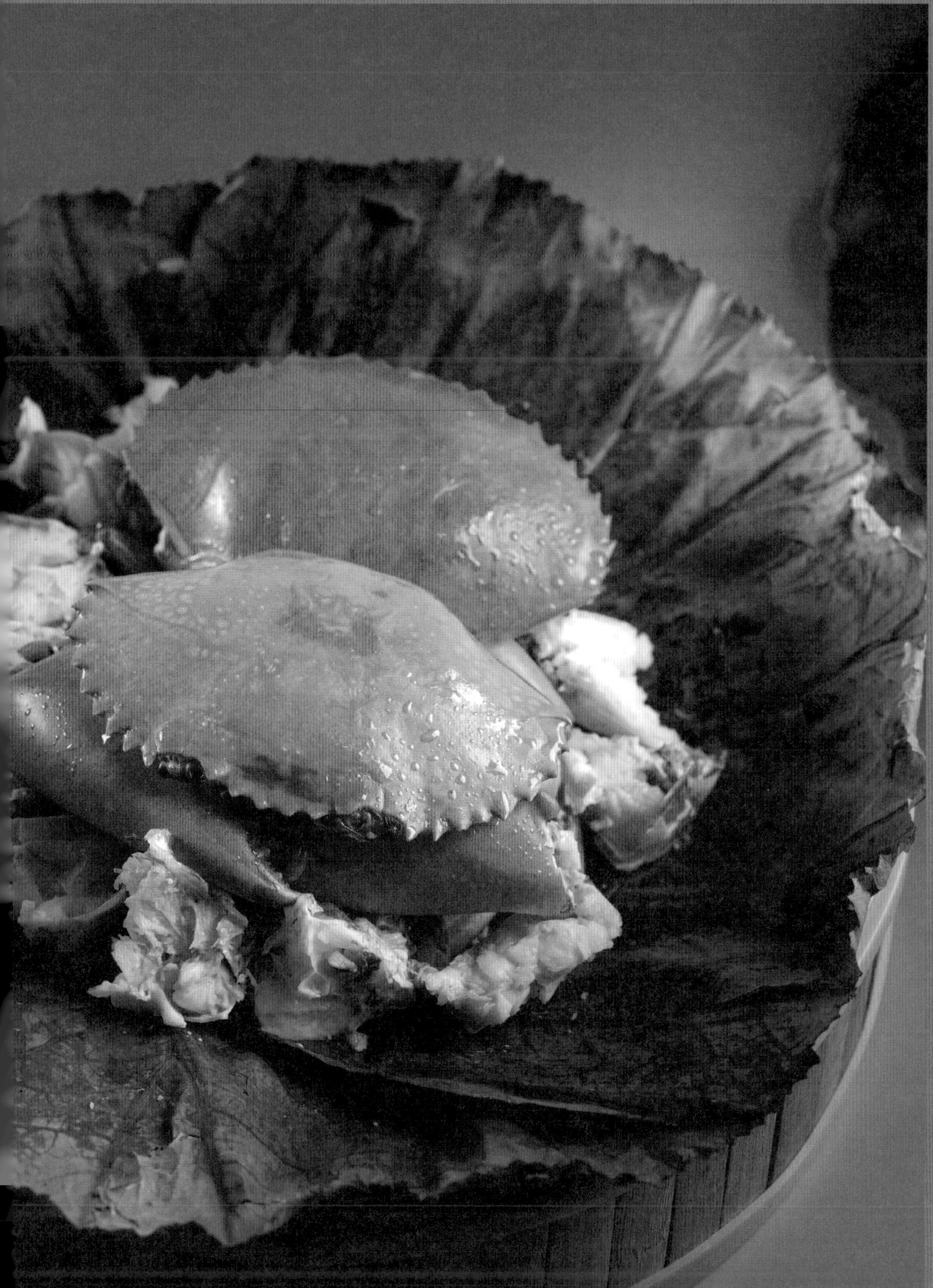

陸大碗，
飛禽走獸，名貴席珍

熱葷之後，是匯集一桌筵席中最名貴食材的「大碗」，這是酒樓後廚的招牌，最能體現酒樓的整體水平。熱葷的規格有多高，「大碗」就必須達到相近水平。「大碗」一般有肆（四）大碗、陸（六）大碗、八大碗等規格。大碗之大，在於所烹之原料，全是鮑魚、海參、魚翅、魚肚、魚、鴨、雞等「硬核」食材。粵席雅宴秉持今天的適度和節約原則，居中選擇了「陸大碗」作為規制，菜式為鳳凰燴鮮肚、正毛尾筍燉神仙鴨、江南百花雞、明爐燒乳豬、五柳石斑和蒸肉蟹。

首先是濃淡湯品兩式——鳳凰燴鮮肚和正毛尾筍燉神仙鴨。清代文學家袁枚在《隨園食單》中寫道：「鹽者宜先，淡者宜後。濃者宜先，薄者宜後。無湯者宜先，有湯者宜後。」熱葷上後，陸大碗之首為傳統粵式筵席上必備的兩式湯品，先濃湯，後清湯。據陳勳先生介紹，所謂濃湯，實際上近似於用「扒」的做法燒製出來的湯菜，比如紅燒翅、雞絲翅、阿膠等，燴製後勾「糊塗芡」用湯窩上，是比較高檔的宴會才有的制式。「扒」實際上是魯菜的一種烹飪技法，以慢火細緻扒熟原料，湯汁濃厚。筵席的濃湯為鳳凰燴鮮肚，以煨好的銀芽、菇絲、雞絲做底，加入粵菜「四大芡」之一的全蛋芡，廚師以精準的火候和攪拌手法，讓全蛋芡不起蛋花，以雞油封面，魚肚絲做麵，再放進火腿絲，一鍋濃郁而口感特別的飛禽游魚薈萃的濃湯便能呈上。

清湯為正毛尾筍燉神仙鴨，出自陸羽居菜單（見前插頁圖V）。這道菜式最意趣盎然的，是它讓人摸不著頭腦的名字——「正毛尾筍」到底是什麼食材？「神仙鴨」又是怎樣的烹調方法？一開始，廚師團隊查閱資料、詢問業界同行皆無果後，便親身去到郊區尋訪筍農，但當地筍農紛紛搖頭表示不認識。再次請教老前輩，沒想到被師傅拍了一下後腦勺：「衰仔，『正』咪即係『靚』囉，廚房佬冇文化，咪只識寫口語囉！」（粵語中，「正」和「靚」都是「好」的意思，廚師所寫的菜單中經常會有口語表達。）所以「正毛尾筍」並不是一個品種，只是代表了筍乾很「靚」，很好，品質上乘。至於「神仙鴨」，人道「快樂似神仙」，「神仙」極言菜式之味美也。

這道清湯選用整隻米鴨，搭配精選肘子、火腿，用蒸餾水慢火燉三小時逼出鮮味，加入上好的毛尾筍與高湯再燉兩小時，合共五小時的文火慢熬。此湯源自淮揚菜系，傳入粵地以後進行了本土化改良，由原本的「煲」，變成了隔水密封的慢「燉」，更能凸顯粵式湯品之「清」：密閉的燉盅鎖住了水分，借助蒸汽久燉而不沸，料多而不濁，鮮味和香氣成倍生成，湯色清澈如茶。區別於淮揚做法，粵式做法更突出鴨的鮮味、火腿的香味和毛筍的爽度，幾者融合，使湯達到很好的效果。

湯品以後，「陸大碗」的重頭戲江南百花雞便登場了。20 世紀 20 年代，廣州食林文園、南園、謨觴、西園四大酒家（謨觴的地位在 20 世紀 30 年代為大三元所取代）橫空出世，每家酒樓都有自己的招牌名菜，文園的江南百花雞，南園的白灼螺片，謨觴的香滑鱸魚球，西園的鼎湖上素，令人食而忘返，一時形成了四大酒家順口溜，「食得是福，穿得是祿，四大酒家，人人聽到身都熟」。其中，文園獨創的江南百花雞，「勝過食龍肉」，被譽為粵菜翹楚。

其名為雞，但主角並不是雞；其名為百花，事實上也與百花無關；其名為江南，似乎是江浙菜，實際上卻是地地道道的粵菜。當時針對富商吃膩了雞的胃口，文園特地創製了這種別致的品雞之法：選用原隻靚雞項（粵語，未下蛋的雌雞），斬下頭翼後，利用高超刀工拆骨去肉，僅留用剔出的完好雞皮，在皮上拍粉，將鮮蝦肉為主的百花餡（以蝦肉、蟹肉製成，因蒸製過程中色澤由白變紅，形如百花盛開，故而得名）平鋪在雞皮上抹至平滑，猛火蒸熟後斬件並砌回雞形，拼回雞頭、雞翼。用取下的雞骨、雞肉吊出高湯，配成芡汁勾起上席。裝盤圍邊時，夏末秋初用夜來香，秋末冬初則用白菊花，時令分明，有江南詩意，大概是名之曰「江南」的緣由。此菜既取了雞的精華，又有蝦的鮮味，還有花的清香，奇妙無窮，每令初嘗者驚喜，常來光顧者也百吃不厭。

江南百花雞是一道考驗酒樓後廚繡花功夫的硬菜。首先是起皮，要求「砧板」（粵語，負責加工醃製食物）將整隻雞拆骨起皮，且雞皮須保持完好，即便是經驗老到的熟手也需要 10 分鐘以上，一般廚師要 20 分鐘以上，如果不慎弄破，那就只能換一隻雞從頭再來。其次是製餡，由「打荷」（粵語，炒菜備菜的幫廚）將蝦肉拍成餡料，切忌切粒，以免影響口感，同時搭配蟹肉等，再摔打起膠。最後交由主廚入籠蒸製。蒸製時必須要猛火，不然百花膠會發「霉」（粵語，食物口感軟爛不爽脆），雞皮不嫩滑。

最初研發之時，廚師團隊發現，按照普通橫平豎直的手法將雞皮固定在竹籤上進行蒸製，雞皮受熱會產生收縮，覆蓋不住百花餡，觀感不佳。黎永泰和梁燦然師傅得知，便傳授了 20 世紀六七十年代的串籤「絕招」：首先用竹笪（粵語，用竹編成的席面）將雞皮放平撐開，四角用竹籤以 45° 的斜角插入固定在竹笪上定型，這樣蒸製出來就不會收縮得太厲害，還能保持形狀，雞皮和蝦肉可以融為一體。其次百花餡的分量也要拿捏好，最初的成品，林壤明先生認為太厚了，吃蝦膠多過吃雞，後來摸索出來的比例是一張雞皮放十兩蝦膠，才能平衡雞皮和蝦肉的口感。

廚師團隊的主廚徐錦輝曾經憑藉此菜參加粵菜五星名廚的考核，11 位中國烹飪大師對擺盤各執己見。有評委提出，雖然徐師傅採用了古法烹製，但擺盤書籍無載——究竟是雞皮向上還是百花餡向上，最終也是由黎師傅和梁師傅拍板：還原舊時菜品，最重要的是還原古法烹製。至於擺盤，既難以考究，又需要創新以適應現代市場需求，所以一半雞皮向上，一半百花餡向上，各取其優，最好不過。這一說法最終得到評委的一致認可，也在市場推廣時得到大眾的肯定。一道雞和蝦共舞的菜式，盡顯廣州人對精緻飲食的執著追求。

炮豚之美，魚蟹之鮮，都是嶺南本地特有的山海食材，同樣為「陸大碗」所不可或缺。明爐燒乳豬是一道歷史非常悠久的經典粵式名菜，早在西周時期就有所記載，時稱「炮豚」。在兩千多年前的南越國時期，宮廷貴族就風行以烤爐烤製乳豬。經歷數千年的粵菜文化演變，烤乳豬更被譽為「八珍」之一，甚至超越了美食的意義，成為粵菜標誌性的文化符號。配搭傳統粵式餅皮，酥脆香口的皮層包裹鮮嫩多汁的乳豬皮，肥瘦均勻，外脆內酥，香而不膩，寓意紅皮赤壯。

「五柳石斑」源自江浙一帶，據《順天時報》1907 年 12 月 14 日的報道《記醉瓊林中西飯莊二十四種大特色》說，「廣東佳餚：菜餚向來總說是南方好，南方更數廣東菜為最佳…… 又有一種魚品，名叫西湖醋魚，也叫五柳魚」，也有說法是脫胎於清代福建五柳居飯店的招牌菜「五柳魚」。「五柳魚」其後傳到北京、廣州、四川等地，並衍生出不同的做法。傳至廣東後開始搭配本地醃菜，形成了絕妙的組合，其中的特色醃菜也因之有了「五柳菜」之名。粵菜館很早就有以五柳魚為招牌菜的，比如創辦於 19 世紀末 20 世紀初的北京醉瓊林粵菜館的招牌菜之一就是五柳魚。此道菜式選用一斤八兩一條的海麻斑，先把魚炸至金黃香酥後擺碟，淋上廣式特色五柳料汁，口感層次豐富。

賞菊吟詩、持螯鬥酒，是古代文人墨客的生活情趣。螃蟹自古以來是廣東人的「心頭好」。在嶺南地區，成熟的母蟹叫「膏蟹」，成熟的公蟹叫「肉蟹」。青蟹中，以大肉蟹最為壯碩，體大肉滿，雙鉗威武，煮熟後呈紅色，寓意鴻運當頭，是筵席上的重頭戲。此次筵席精選八兩大肉蟹，與荷葉一併放入蒸籠，猛火蒸熟，點上大紅浙醋做的蘸料，口感綿密而溫潤。

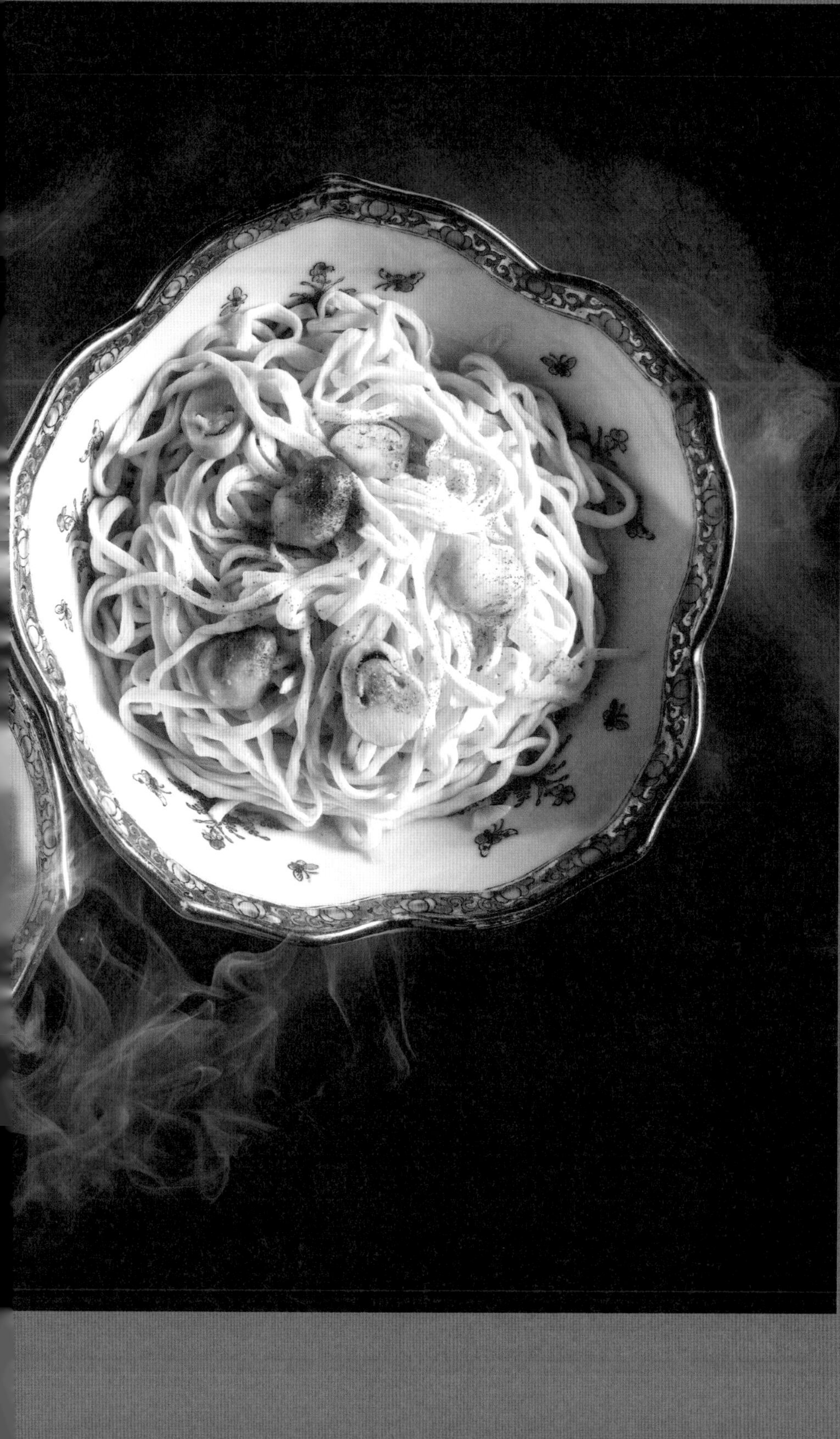

燴伊府麵
揚州炒飯

主食九寸，稻麥至本

酒肉雖美，唯飯稻至本。筵席最後呈上飯麵主食，是粵式筵席的傳統慣例，一般以「九寸」碟子盛之。過去，廣東人習慣用食具的大小表示上菜的分量，不同規格的碗碟和盛放的菜品類型、菜肉比例都是固定的，一個廚師看到器皿的大小，也就知道要做多少分量的菜，做什麼樣的菜，體現了粵菜業內的一種規範化，也展現了廣州人精打細算的性格特點。比如淨肉無配菜者用七寸碟，用肉七兩；八寸碟則用肉九兩。如有配菜（如菜軟或筍），則七寸碟用肉四兩、菜二兩；八寸碟者用肉六兩、菜四兩。傳統筵席中，熱葷等多用七寸碟，即直徑 23 厘米。主食則固定用九寸碟，即直徑 30 厘米。此次筵席選用了燴伊府麵和揚州炒飯作為主食。

伊府麵俗稱「伊麵」，直到現在都是老廣筵席的常客。相傳清嘉慶年間，揚州知府（一說任惠州知府時）伊秉綬宴客時，廚師在忙亂中誤將煮熟的蛋麵放入沸油中，撈起以後只好用上湯浸泡過才端上席。誰知這種蛋麵竟令賓主齊聲叫好。此後人們爭相仿製，備受廣東官紳歡迎。隨後其製法傳播開來，成為極具廣東特色的佳饌，因出自伊府家宴，故將它稱作「伊府麵」。此道蛋麵爽口滑嫩有嚼勁，久煮不爛，取長為吉，在廣東更是壽宴的指定菜式，寓意健康長壽。

吃慣廣式美食的你，如果在最傳統的揚州本地餐廳泰然自若地點一客揚州炒飯，周圍也許會出現詫異的目光。揚州其實並沒有揚州炒飯，就像蘭州拉麵並不是起源於蘭州一樣。民國期間，廣州有聚香園飯店，做的是淮揚菜式。餐廳為了迎合廣府人口味，將家鄉的傳統風味油炸飯焦（鍋巴）做了改變，用鮮蝦仁、叉燒、海參做材料，連汁一塊倒進炸透的飯焦上，脆香誘人。油炸飯焦雖然香脆，但容易上火，不符合廣東人的飲食習慣。廣東廚師模仿改良，捨棄飯焦，用鮮蝦仁、叉燒、海參直接炒飯，香氣依舊誘人。看似淮揚菜，實為改良粵菜的一道傳統名菜，充分體現了粵菜師傅兼收並蓄、博採眾長的開放思想，讓人直把廣州作揚州。

點心一度

金銀雞蛋糕

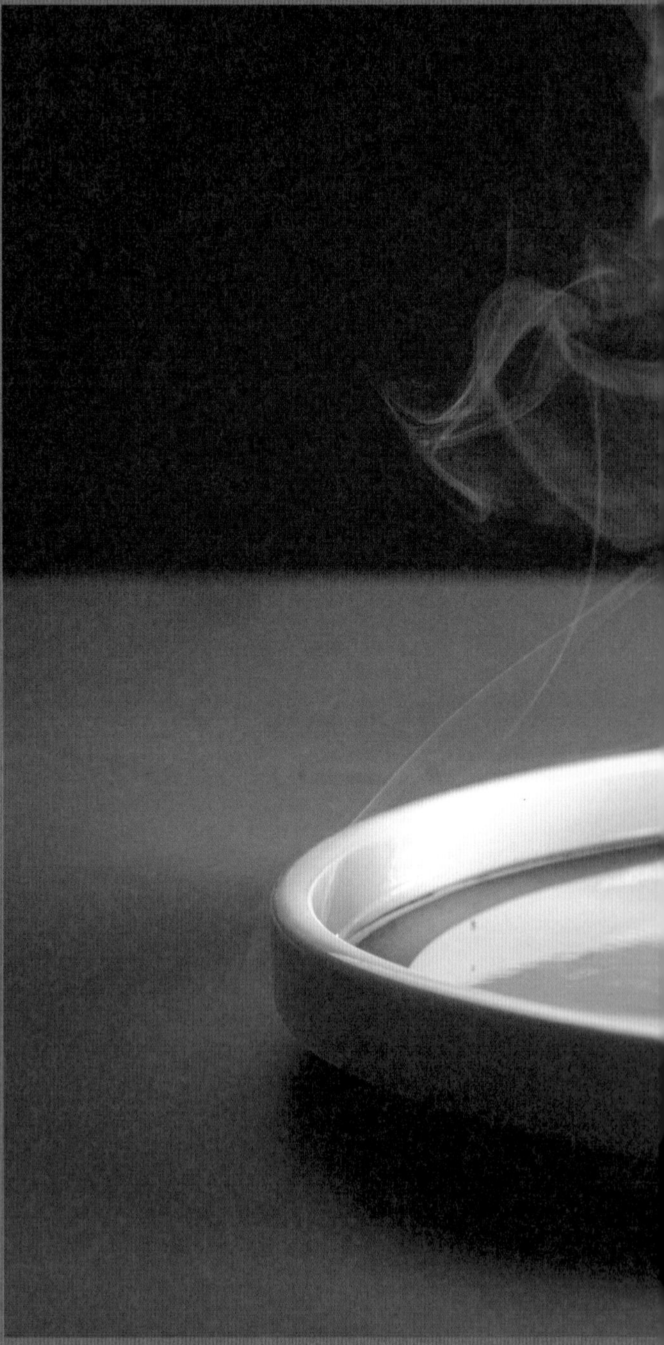

菠蘿浴日

點心一度

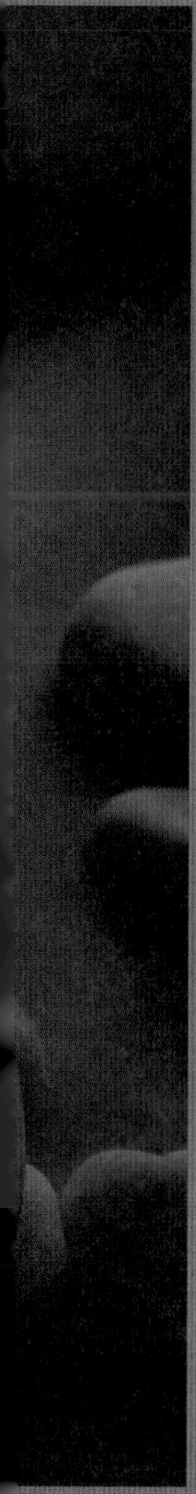

點心一度，
筵席上也有「一盅兩件」

「一盅兩件」，是刻在廣東人骨子裡的飲食基因。清末民初完整的廣式筵席裡，會以點心或糖水收尾，即為筵席上的「一盅兩件」。此次筵席選用了陳勷先生原創的經典廣式點心金銀雞蛋糕和菠蘿浴日，向粵菜泰斗和業已失傳的點心技藝致敬。

金銀雞蛋糕是民國時期十分有名的廣式蛋糕，在民國時期華南酒家第三期菜單（見前插頁圖Ⅷ）的甜點推介中便可看到它們的身影，但工序繁多、做法複雜，市面早已絕跡。單從名字看，主創團隊只知道這款蛋糕有金色和銀色兩層，銀色層比較好解決，就是典型的中式蒸糕，但金色層就遇到困難，採用傳統中式蒸糕的方法，不管怎麼試驗調整，金色層都得不到想要的效果，而且上籠一蒸，金銀兩色還不時會串色，口感也不盡如人意。經陳勷先生指點，方知此款點心為其首創，竅門是「中西合璧」，金銀兩層分別採用西中兩種做法，先烤後蒸，下層金色蛋糕底先用爐烘烤出金色，中間一層鋪墊蓮蓉餡，再加上一層蛋液，送入中式蒸籠隔水蒸，才能讓形狀和顏色固定，形成金銀兩個層次，這一做法完全出乎團隊意料。而且蒸和烘烤的麵粉斤兩不一樣，蒸的麵粉要加重，烘烤的麵粉要輕，糖也要少。以前老師傅做的時候，要用到精緻的花式小盞做模具，現在為了工藝的簡化，採用了大眾化的做法，方方正正，工工整整，一塊一塊即可。第一次廚師團隊用了雞蛋白來製蛋糕，試吃時，陳勷和徐麗卿師傅都覺得口感太韌，而且沒有香味，徐錦輝師傅建議用回蛋黃，這樣口感會鬆化一點，也會更香，吃進去有蛋味。在最後的成品階段，廚師團隊在充分吸收了多位泰斗的經驗後，還在銀色層上加鹹蛋黃碎，切出來以後，底為金黃，面為淺黃；上層鬆香，下層酥脆，呈現出兩種不同的顏色和口感。一件看似簡單的蛋糕，盡顯粵菜的繡花功夫。

此次筵席的最後一道點心「菠蘿浴日」，與宋代羊城八景之一「扶胥浴日」有關。初看其名，廚師團隊便明白原料會有菠蘿和雞蛋黃，但如何成品，毫無頭緒，「只聞其名，不知其形」。幸被陳勳先生一語道破，原來他就是此點心的創作者，名字也出自他的手筆。所謂「菠蘿浴日」，即鮮奶燉蛋，以最原始的燉奶方法，將加糖調好的鮮牛奶用隔水加熱的方式「燉」出來，如汪洋大海，在燉奶上放烤香的鹹蛋黃作為太陽，旁邊伴上糖水菠蘿，用牛奶、菠蘿、鹹蛋黃在碗內模擬出廣州的經典美景。

南海神廟，又稱波羅廟，位於廣州市黃埔區廟頭村，古屬扶胥鎮。南海神廟西側的山丘東連獅子洋，煙波浩渺。每當夜幕漸退，紅霞初升，萬頃碧波頓時染上一層金光，一輪紅日從海上冉冉升起。此時，海空相接，日映大海，霞光萬道，十分壯觀，這就是歷史上宋代羊城八景之首的「扶胥浴日」，又稱「波羅浴日」。北宋紹聖初年（1094），蘇東坡被貶至嶺南惠州，途中曾慕名到南海神廟遊覽，並登亭看日出，被「扶胥浴日」的景觀所吸引，詩興大發，寫下了《浴日亭（在南海廟前）》：

劍氣崢嶸夜插天，瑞光明滅到黃灣。
坐看暘谷浮金暈，遙想錢塘湧雪山。
已覺蒼涼蘇病骨，更煩沆瀣洗衰顏。
忽驚鳥動行人起，飛上千峰紫翠間。

陳勳先生當年以此為靈感，將傳統文化意味融入點心創作，使之風靡一時。斗轉星移千年過，滄海桑田話扶胥，用當地的簡易食材與地域景觀相結合，既有生活氣息，又增添意境之美，這就是廣府人的生活味道。

金銀雞蛋糕

操作步驟

① 下層金色蛋糕底先在焗爐裡烘烤出金色。

② 中間一層鋪墊蓮蓉餡，再加上一層蛋液。

③ 廚師團隊在充分吸收了多位泰斗的經驗後，在銀色層上加鹹蛋黃碎。

④ 再進中式蒸籠隔水蒸，才能讓形狀和顏色固定，形成金銀兩個層次。

1	2
3	4

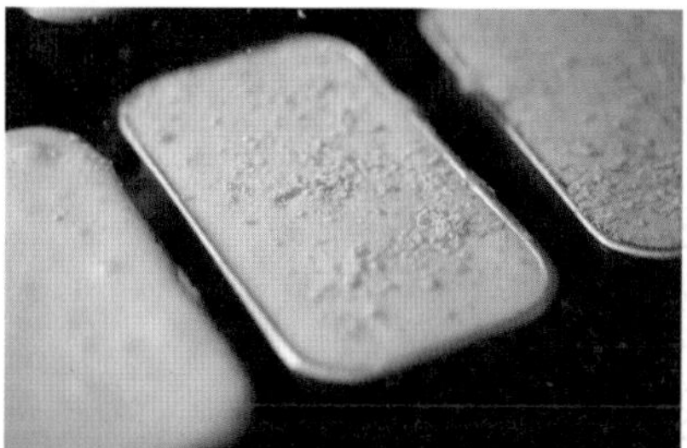

巧技新傳

粵菜的特點，注重因材施藝，讓不同的食材入口以後呈現各自應有的口感和本味，夏秋力求清淡，冬春偏重濃醇，講究清鮮爽甜滑和五滋六味。除了考究精緻的刀工，還有豐富多樣的烹飪技法，如煲、煎、炸、炒、燜、蒸、滾、煀、焗、燉、泡、扒、扣、灼、爆、飛、滾、焓、炟、糟、淥、烚、烘、煸等，不可勝數。高超巧妙的技藝，讓粵菜形成清淡爽脆的特色，完全區別於中國的其他菜系，自成一格。

二〇二一年，廣州博物館與中國大酒店再度推出「消失的名菜」第二季，此季著重從老菜單和菜譜中尋覓業已失傳或十分罕見、鮮為人知的傳統工藝和技法。這些當

消失的名菜第二季

日風行一時、精湛乃至複雜的技藝充分展現了傳統粵菜所蘊含的匠人精神、繡花功夫和吉祥寓意，是傳統粵菜技藝的集中體現，因此取名為「粵宴中國」。此季集中展示了粵式筵席所需的各項技藝，挖掘了功夫繁複、當下很難製作、材料很難尋覓的菜式，菜餚搭配和食材選用更豐富，各種原料基本沒有重複。在此基礎上，團隊還在復原、創新、改良和重塑方面繼續進行積極探索，秉持傳承不守舊、創新不忘本的理念，應時而變，適應市場需求將技藝加以改進，為其源源不斷地注入和延續生命力，無論對傳統菜式的復原還是現代菜式的創新都意義良多。

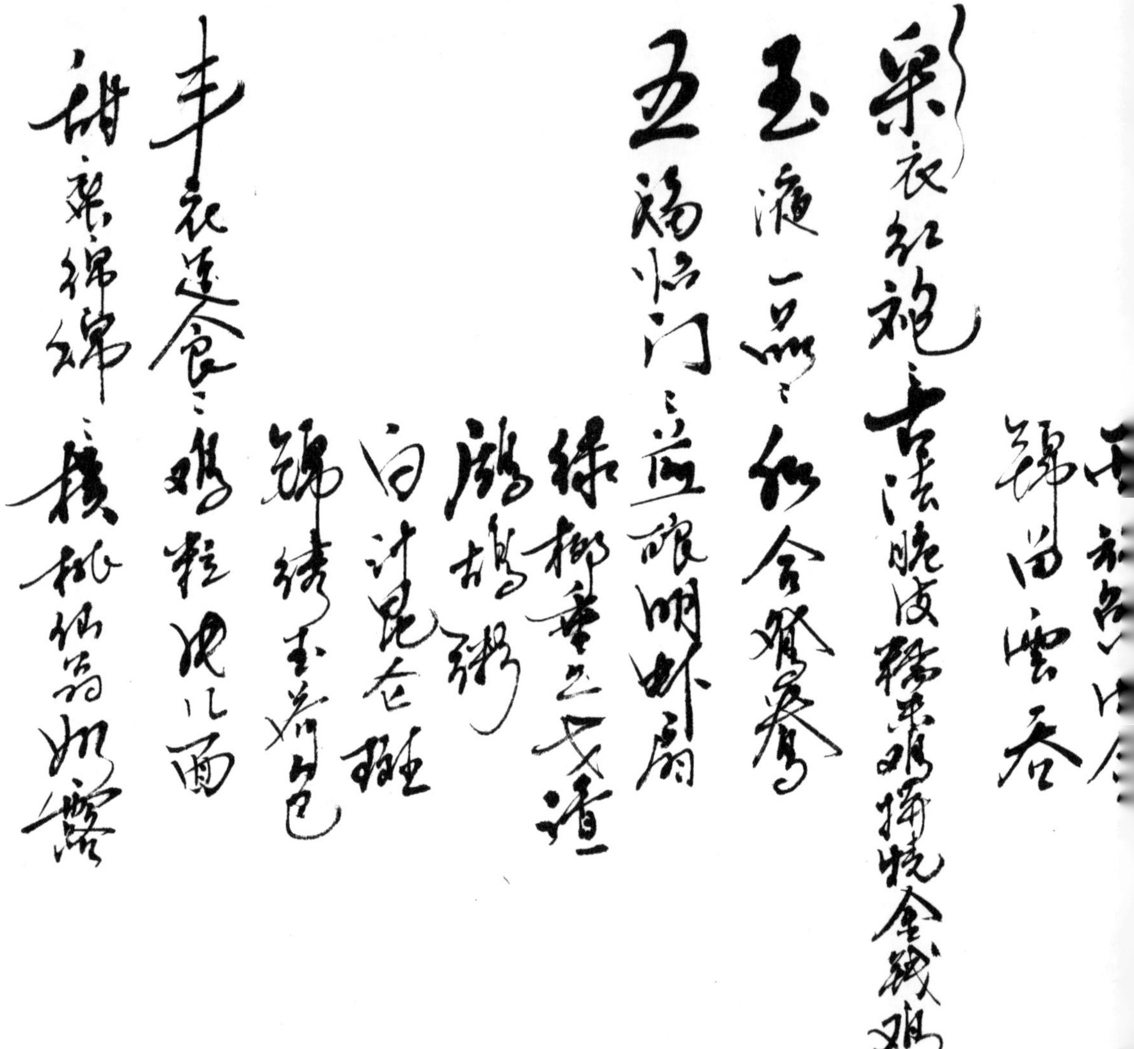

廣式涼果　和味甘草欖
鹹薑
鹽津陳皮
魚皮花生
山楂片

和順錦盒　陳皮鴨掌
蝦籽柚皮
金陵鴨芋角
西施蟹肉盒
錦滷雲吞

彩衣紅袍　古法脆皮糯米雞
燒金錢雞

玉液一品　和合鴛鴦

五福臨門　煎釀明蝦扇
綠柳垂絲配戈渣
鷓鴣粥
白汁昆侖斑
錦繡玉荷包

豐衣足食　雞粒片兒麵

甜蜜綿綿　核桃仙翁奶露

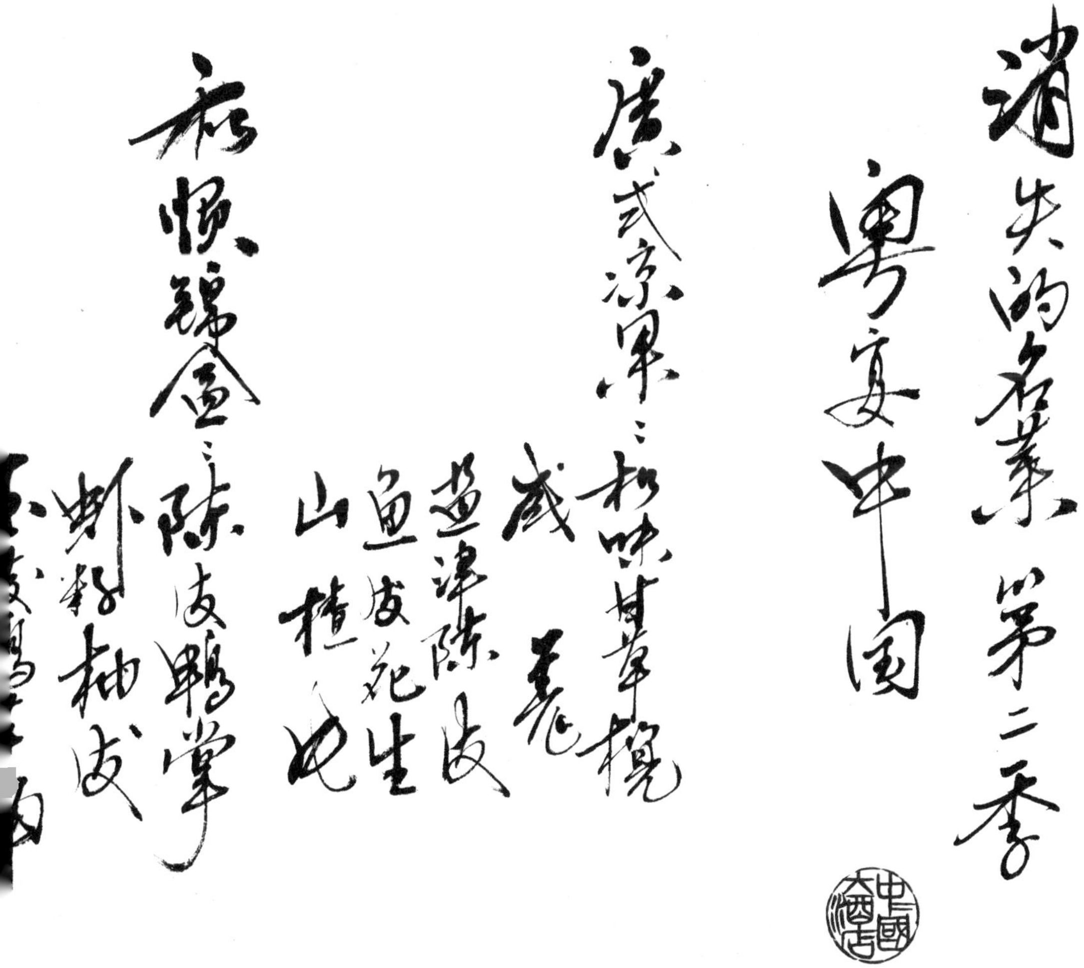

粵宴中國

消失的名菜第二季

廣式涼果

和味甘草欖

鹹薑

鹽津陳皮

魚皮花生

山楂片

北蜜餞　南涼果

廣式涼果是在南方尤其是廣東地區流行的涼果，其製作傳統始於唐宋，至今已逾千載，2019 年被列入廣州市非物質文化遺產名錄。如果說北方蜜餞的形成首先是為了保存未能及時食用的果品，那麼南方涼果則像是為了增添瓜果的別樣風味。「老廣」挑選當季瓜果，以各種調味料及中藥材熬煮調味，再乾燥成型，這樣的做法既保留了原瓜果的味道，又使得其味道層次更為豐富，鮮酸、清甜、果香、回甘，五味紛陳，越吃越有滋味，所以廣式涼果又被形象地稱為「口立濕」——它入口生津，哪怕聽到其名，嘴巴也不免垂涎欲滴，有望梅止渴的意境。

在物資匱乏的年代，鹹香口味為主的涼果以價格低廉、留味時間長，成為廣州的孩童們眼中性價比較高的小零食。口袋裡一分、兩分錢買到的小涼果是孩子們交友分享的「硬通貨」，滿載廣府人的童年回憶。「消失的名菜」第一季借鑒民國時期最負盛名的粵式滿漢全席，在正式筵席登場之前呈上以蜂蜜浸漬的滿洲風味——蜜餞。而第二季的「粵宴中國」為了彰顯廣府烹飪特色，特別精選「廣州三寶」——和味甘草欖、鹹薑、鹽津陳皮，配合魚皮花生、山楂片組成席前小吃。其中「廣州三寶」具有化痰潤喉等功效，一般配合廣東涼茶服用，既可減輕涼茶喝後滯留的苦味，也有一定的疊加療效。山楂片則採用北方山楂製成，體現了粵菜南北融合的特點。最具趣味的要數魚皮花生，在碟子上只見裹著脆皮的花生不見魚皮，這是為什麼呢？其實，所謂「魚皮」，是指包裹在花生外表的脆皮。在製作時，先用南乳將花生醃製，再裹上薄薄的一層脆漿下鍋油炸，溫度、時間、手法都十分講究，必須確保脆皮不會因有氣泡破損影響外觀，更不能炸得過硬影響口感和風味。五味小吃以獨特的傳統風味，「讓城市留住記憶，讓人們記住鄉愁」。

和順積中　英華發外

「粵宴中國」繼續借鑒滿漢全席中以冷葷為「宴中首式」的定格，選取陳皮鴨掌、蝦籽柚皮、金陵鴨芋角、西施蟹肉盒、錦滷雲吞五款傳統冷葷組成「和順錦盒」，一語雙關，拉開筵席的序幕。《禮記》載「和順積中而英華發外」，意為和悅順意蘊積於心中，美好的才華言辭顯露於外。此冷葷拼盤取材於傳統老菜單，既反映了傳統粵菜的文化底蘊和精湛技藝，蘊含著老廣對和順生活的嚮往追求，又結合了精緻的外觀、淡雅的擺盤，呈現出細膩的味道層次，可謂慧於中，秀於外。

首先是錦滷雲吞。雲吞源自北方的餛飩，傳入廣東後，皮的原料也逐漸從麵粉轉變為綠豆澱粉，煮出來後外觀似紗如雲，餛飩又和粵語中的「雲吞」發音相近，故有此稱。在老師傅看來，此道冷葷的原料雲吞是今日甚為普遍乃至現成的，在市面上小吃店、餐飲店都有，但對包的手法和出來的型格卻十分講究。第一次試菜時，雲吞未達到要求，還需進一步改進：需要將綠豆麵皮切成兩寸半（8.3 厘米）見方的薄片，包裹整隻原蝦，用筷子和拇指捏成圓球形，再下鍋油炸。錦滷汁為酸甜口，用叉燒、雞球、蝦仁、鮮魷熬煮而成，酸甜開胃。因為粵語中「酸甜」二字倒過來後跟「添孫」音近，所以此菜也成為婚宴上的頭盤常客，打破了一般廣式雲吞只能水煮的刻板印象。

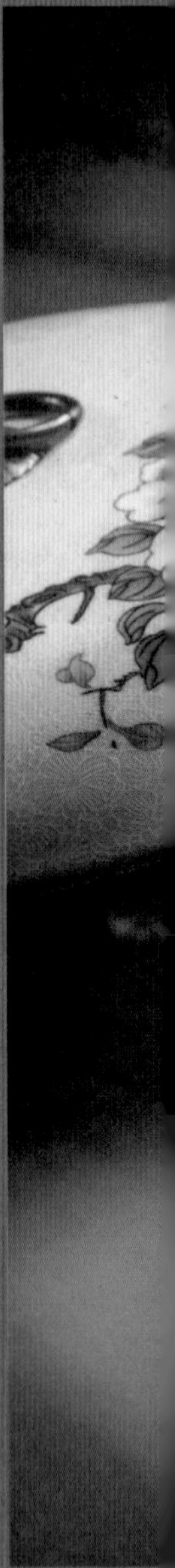

西施蟹肉盒是一道以「西施」命名的粵式菜品，大概是以西施形容蟹肉之嫩滑鮮甜。據陳勳師傅介紹，過去的西施蟹肉盒，為節約成本，餡料是釀餡為主，裡面只加入少許蟹肉。所謂釀餡，即將豬上肉、後腿肉打爛，搭配魚膠、鮮菇、冬菇等製成的餡料，可以用在釀涼瓜、茄瓜、荷葉、辣椒

和順錦盒

陳皮鴨掌
蝦籽柚皮
金陵鴨芋角
西施蟹肉盒
錦滷雲吞

等菜式當中，所以叫作「釀餡」。西施蟹肉盒的做法是，先用澄麵皮做成菱形的盒底，在盒底內釀入餡料後，再放上芫荽、胡蘿蔔絲等作為點綴，最後蓋上盒面，整體形成圓圓鼓鼓的盒狀，透明的澄麵皮又可以透出紅紅綠綠的顏色，上籠蒸製後又好看又好吃，這是老師傅在民國時期的巧法。現代物資十分豐富，廚師團隊在吸收前人經驗的基礎上，為追求更好的口感，將澄麵皮改為片好的冰肉薄片，包裹蝦肉和蟹肉文火油炸，外形似雲餃又像元寶，外脆裡嫩，十分鮮香。這款冷葷源自民國初期華南酒家的菜單。（見前插頁圖Ⅶ）

蝦籽柚皮則用大家眼中的邊角料——柚子皮大做文章，是粵菜廚師「變廢為寶」的典型代表。柚子皮在廣東一帶是經常入饌的食材，其質地多綿密細孔，既能吸收湯汁的油膩，又有淡淡的柚香，所以多會和需要久燉的大菜如鴨、鵝等同煮，但處理柚皮卻需要較煩瑣的工序。首先是去除外皮，將青黃色的柚子外皮放在煤爐上炙烤至碳化，再放入冷水中讓其自然脫落。接著將清洗乾淨的白色皮肉用手揸乾水分，再放入冷水中讓其吸飽水分後再次揸乾，每隔四至六小時換一次水，如此反覆三天，才能確保去除其苦澀的口感。柚皮處理好後便開始烹製，先起鍋加入少許豬油，放鯪魚骨煎香後再下柚皮慢炸吸油，接著撈出柚皮用竹篾定型，之後放入用大地魚、蔥、薑、豬肉、紹酒等熬成的高湯以文火焗兩小時，最後將炒香的蝦籽撒於表面提鮮。這樣烹製出來的柚皮鬆而不散，無筋無渣，入口即化，風味十足。

陳皮鴨掌是廣式燒滷的代表。清末民初，粵人食鴨之風盛行，既要好吃又要「雅」吃，需要啃食的鴨掌顯然是不適宜隨整鴨擺上的。如何不浪費又能做成另一道美味，對粵菜師傅而言是道考功夫的難題。鴨掌的每根趾節都要去除乾淨，還不能破壞表皮的整體形狀，這就註定它是一道「功夫菜」。去骨的鴨掌用薑蔥汆水後，再浸入秘製的滷水汁醃製一週，最終味道如何，滷水汁的風味至關重要。滷水除了加入傳統必備的陳皮，廚師團隊還加入話梅增加酸甜風味，既解膩又開胃生津，成為四季均可食用的冷葷頭盤。

金陵鴨芋角是民國時期華南酒家的一款經典鹹點，源自淮揚菜，經過改良後成為傳統粵點。（見前插頁圖Ⅶ）本土化後以廣州特色的燒鴨作為餡料，特別噴香惹味。芋角要做得口感豐富，外形精美，還要炸出蜂巢形狀，絲毫不簡單，其中有三大講究，分別是選料、配比和火候。一般的芋頭蓉無法炸出蜂巢形狀，必須選用口感較粉的荔浦芋頭，再搭配澄麵和豬油製成外皮。取燒鴨肉與韭黃做餡，釀入皮內包成菱角形狀。最後經由高溫適時炸製，才能成為外脆內軟、鹹鮮相宜的金陵鴨芋角。讓蜂巢內的這一抹甘香重回餐桌，見證了粵菜師傅的匠心、匠意和繡花功夫。

古法脆皮糯米雞
燒金錢雞

彩衣紅袍　枝上鳳凰

冷盤過後熱葷至，「粵宴中國」的熱葷由古法脆皮糯米雞充任之，它與「粵席雅宴」的江南百花雞一樣，出自百年前的文園酒家，也同樣需要起全雞，但與後者不同的是，因為雞皮最後要呈現口袋形，開口一定要小，所以不能從胸部開刀，只能從頸部下端開口，這就增加了脫骨難度，十分考驗廚師的基本刀工和繡花功夫。全雞脫骨，是南北廚師的基本功，相對而言南方廚師更加注重。「起皮」後，雞皮要完好無損、薄如蟬翼，還需保證承載糯米飯後堅韌不破，堪稱最考驗基本功夫的製雞技法。

雞皮起好後，內裡釀入的生炒糯米飯也相當考究，它用兩種臘味及冬菇、蝦米、鹹蛋黃、核桃仁、板栗等 12 種配料炒製而成，米粒分明而不糍糊，食材豐富多彩。釀入雞皮後用竹籤固定，過水定型，抹上脆皮水後風乾，再用淋油的方法炸製。成品出來後雞皮焦脆可口，如彩衣紅袍，糯米飯則充分吸收了雞汁和臘味的精華，香而軟化，這種脆軟相融的「雞包米」，口感層次豐富，內有乾坤。

製作好的糯米雞要切成一件件，擺盤時要拼成鳳凰之身，而鳳尾則由另一道懷舊燒味——燒金錢雞組成。金錢雞，實際上也非雞，昔日窮苦人家在酒樓宴散後，會收集雞肝、肉眼、冰肉等剩下的食材製成菜品，並將食材改刀切成圓形的金錢狀，寓意金錢滿屋，而且一般的老廣人家皆以雞為貴，所以美其名曰「金錢雞」。上述幾樣食材經過長時間醃製入味後，每件中間穿夾薄薄的薑片串起燒製，形狀就像一貫貫銅錢，滋味濃香，切成圓塊砌成鳳尾，整個擺盤如鳳凰在枝頭，栩栩如生。脆皮糯米雞和燒金錢雞本來是兩道獨立的菜式，且前者有高貴之姿，而後者有清貧之樂，經當代粵菜師傅的重新組合演繹，「飛」回餐桌，既有舌尖的風味，又有回憶的情味，更體現了「粵宴中國」注重古法傳承，也重視改良創新的精神。

和合鴛鴦

鷓鴣粥

煎釀明蝦扇
錦繡玉荷包

綠柳垂絲配戈渣

白汁昆侖斑

玉液一品　五福臨門

在傳統粵式筵席中，一般有燉製的清湯一道及扒製、煮製的濃湯一品。「粵宴中國」選取了和合鴛鴦及鷓鴣粥作為筵席上的清濁湯品。和合鴛鴦這一清湯，將上好的水鴨、老鴿和花膠，猛火燉煮後再加入濃郁飄香的金華火腿汁，湯清味濃。水鴨和鴿子兩種鳥類一同烹煮，湯汁調和融合，故而稱為「鴛鴦」。「和合」又稱「和合二仙」，其人其名，歷代傳說各異，但總體象徵了中國傳統陰陽和合、中正和平的儒家精神以及對家庭美滿、夫妻和順的美好祝願。隨著歷史的變遷，它是「萬物和諧」的象徵，更是老廣對於生活的樸素願景。

與清湯搭配的羹湯鷓鴣粥，雖名為粥，實則內無粒米，有粥的外形，又具湯羹的內涵，是粵式「功夫菜」的代表之一。先將鷓鴣去皮拆骨，以鷓鴣骨和雞肉熬煮高湯，取鷓鴣肉切剁成蓉，與淮山蓉一起慢火熬煮，途中再加入完整的燕窩，口感層次豐腴綿順。鷓鴣素有「山珍」之稱，自古民間就有「飛禽莫如鴣，一鴣頂九雞」之說，加上溫良的淮山，足見此羹的滋補功效。民國時期，這是一個上菜，不同級別的酒樓飯店都有這個菜應客，不過用料各有不同。大酒樓、大戶人家當然採用真正的燕窩和鷓鴣；中下飯店則用散碎燕窩和老雞湯，甚至用炸豬皮替代燕窩者亦有之，售價不同，用料各異。一般來說，品質正宗的鷓鴣粥，都是高檔酒樓深夜用來供應夜夜笙歌的公子哥兒的，暖胃又飽腹，但因工序複雜，耗時耗力，既考驗廚師剔骨剁蓉的手藝，也體現「𤆵粥仔」（粵語，慢火用小鍋燉粥）的耐心。在時間就是金錢的現今，餐飲市場早已難覓了。和合鴛鴦與鷓鴣粥兩道湯品一清一濃，完整展現了傳統筵席的規制。

在大菜部分，「粵宴中國」融合「四熱葷」和「陸大碗」的筵席制式，推出更加體現廣州本地特色、且適應目前市場「精簡流程且重於技藝」的菜品——五福臨門。它與廣州的「五羊傳說」不謀而合，分別為煎釀明蝦扇、綠柳垂絲配戈渣、鷓鴣粥（見上文）、白汁昆侖斑和錦繡玉荷包。

首先是寓意美好的煎釀明蝦扇和錦繡玉荷包。煎釀明蝦扇是中西合璧的菜品，這道菜有兩巧之妙：一是構思巧，蝦從腹部剪開後釀入鮮肉與蝦膠調成的百花膠，給人蝦內有蝦的驚奇之感；二是技藝巧，精準的火候控制，明蝦殼脆肉厚，乾身惹味，無一絲多餘汁水。最後擺成扇子之狀，醬汁採用的是番茄加入砂糖等調味，再搭配翠綠的芫荽點綴，紅綠相宜，淡雅美妙。這道煎釀明蝦扇看似簡單，實則精雕細琢，大巧若拙；既有賣相，又獨具風味，巧手暖心，有一種古樸純淨的味道。與「粵席雅宴」中的煎明蝦碌有所不同，此菜不再採用完整的剪蝦七步法，因為在擺盤時，必須呈現整蝦的形狀，講求有頭有尾，寓意吉祥。

錦繡玉荷包則是粵式象形菜的代表，珍貴之處在於廚師的匠心、匠意及繡花功夫，以荷包之狀，諧音「袋袋（代代）平安」的好意頭。這道菜用碧綠的娃娃菜作為外層，內裡包裹的肉餡以冬菇、甘筍（胡蘿蔔）、瑤柱搭配切碎的蝦肉和蟹肉粒，瑤柱可帶出豬肉的鮮嫩，同時掩蓋了冬菇的草腥味，令口感清爽鮮甜。以菜葉包裹肉餡，精緻小巧，像極了翠玉做成的小荷包，最後以蟹肉勾芡。這道錦繡玉荷包口感清爽，蘸著芡汁吃更加美味可口，吃罷齒頰留香。

綠柳垂絲配戈渣是「粵宴中國」筵席中最為考究匠心手藝的「繡花菜」之一。此菜在百年前曾盛極一時，命名充滿詩情畫意，靈感正是來自翠綠垂柳的醉人景致，更因粵語中「綠」與「祿」同音，還有添福加祿的美好寓意。因「綠柳」取自「鹿柳」的諧音，本應以鹿肉入饌，但民國時僅以水魚絲或山瑞裙邊炒製而成，到了 20 世紀七八十年代才開始用鹿肉製作。

時至今日，參照民國做法，不惜成本採用 1.5 公斤重大水魚，僅保留最外一圈裙邊，拆骨起絲，這對師傅的砧板刀工、爐頭炒工要求極高。老水魚被粵菜師傅稱作「山瑞」，取其山河瑞獸之意，肉質鮮嫩無比。但老水魚的油脂和肉連接得十分緊密，腥臊難以下嚥，一旦沒有處理乾淨，整道菜品都無法入口。水魚肉本就不多，一隻水魚只能起出三兩絲，起肉率的多少就是考核師傅刀工的標準。早在唐代，就已有對廚師高超刀工的記載——「膾飛金盤白雪高」。他們用斜刀起肉、片刀片肉等手法將老水魚的裙邊和腿肉拆骨起出，小心剔走肉間殘餘的油脂，再用直刀切出肉絲，將肉絲用鹽等調料醃製後滑入 60℃的嫩油浸熟，拌上銀芽、冬筍絲、冬菇絲等味菜一起翻炒。炒出的成品有「三不」標準（不泄水、不泄油、不泄芡），如果時間火候不夠，肉菜尚未斷生；一旦味菜過熟，就會滲出大量水分，這對炒工有著很高的要求，即使是熟手也不一定能完全做到。最後撒上檸檬葉絲提香，整道菜鹹鮮中帶著酸甜，並以戈渣圍邊。戈渣原是北京街頭小吃，清末江孔殷府宴將其由甜點改為鹹點，變得更為精緻。所謂戈渣，原是用雞子，即雞的睾丸熬成的濃湯做成。為了適應現代健康飲食，改變傳統高油高脂肪的雞子濃湯，創新採用海鮮熬煮湯底。為了確保濃湯的鮮味，採用龍蝦、羅氏蝦、乾貝、花蟹和活魚等海鮮 1.5 公斤，以文火長時間推煮熬成糊狀，待冷凍成塊後裹粉油炸。製作戈渣，第一要講究推煮的力度和方法，第二要講究油溫的掌控，做起來很不容易，現在已基本絕跡。出鍋後的戈渣酥脆的外殼裡，溏心流出，濃縮的湯汁呈現的不僅僅是海鮮美味，更是師傅們對火候把控精妙、功力深厚的廚藝縮影。

此次筵席的另一佳作為白汁昆侖斑，這是刀工與火候的巔峰。昆侖斑，是食林對石斑（俗稱龍躉）的美稱。最傳統的白汁昆侖斑並不是直接食用龍躉魚，而是食用大型龍躉魚厚實的魚皮。取下的龍躉皮需要曝曬三個月，泡發後放入用鮑魚、火腿、章魚、薑蔥、香料等熬製的高湯文火慢燉，燉得細軟濃香。古代漁民的捕魚技術有限，大型的深海龍躉可能一生都無法捕捉到，即使是現在，大幅的龍躉魚皮也動輒過萬元甚至難以尋覓。傳統的白汁昆侖斑是一道只有富貴人家才有機會品嘗到的菜餚，十分稀罕。

據《菜色編譜巧製菜品・酒菜斤兩》一書記載，傳統白汁昆侖斑的製法，是一件石斑魚肉夾一件火腿、一件筍為一組，依次序列，再加上斑頭斑尾擺成魚形。不過也有老師傅回憶，這道菜曾經用過龍躉皮。這種演變有可能是受到昆侖鮑片的影響。據菜譜記載，昆侖鮑片採用的就是龍躉皮夾鮑魚片的做法。綜合老行尊的口述和菜譜記載，廚師團隊創新地將白汁昆侖斑與昆侖鮑片兩道菜式相融合，並將傳統白汁昆侖斑中的筍片替換為昆侖鮑片中的鮑魚片、冬菇片等，保留原有白汁昆侖斑的火腿。因為龍躉皮難尋，也以龍躉魚肉替代之。將大小適中的龍躉魚，片出厚薄大小形狀一致的魚片，這樣蒸出來的魚片才不會彎曲變形，影響美觀。另外，將「五頭鮑」（五隻為一斤的鮑魚）放入高湯中熬煮，取出切成與魚片大小相近的鮑片，再與龍躉魚片、火腿、冬菇碼齊夾在一起擺成魚形，入爐蒸熟。這種「碼夾」的法子，是傳統的粵菜擺盤方式，稱為「麒麟擺盤」，在昆侖鮑片中也有運用。

白汁昆侖斑除了考驗精緻的刀工，也十分考驗「上什」（粵語，對廚技中「蒸、發、扣、煲、燉」的統稱）的功夫，講究「蒸」的過程中火候與時間的把控。龍躉和鮑魚需用猛火蒸熟取出後，在中間放上菜心點綴，淋上傳統粵菜裡的清湯白汁。這裡的白汁並非西餐常用的奶油白汁，而是三種傳統粵菜芡汁的一種，即用清澈雞湯調配的白汁，餘下兩種分別是用鮑汁濃湯調配的紅汁和用韭菜等蔬菜調配的青汁。白汁昆侖斑肉質彈嫩、汁液豐盈，方寸間盡顯廚師精妙的刀工火候，更體現廚師對傳統粵菜的傳承與創新。

雞粒片兒麵

甜蜜綿綿

核桃仙翁奶露

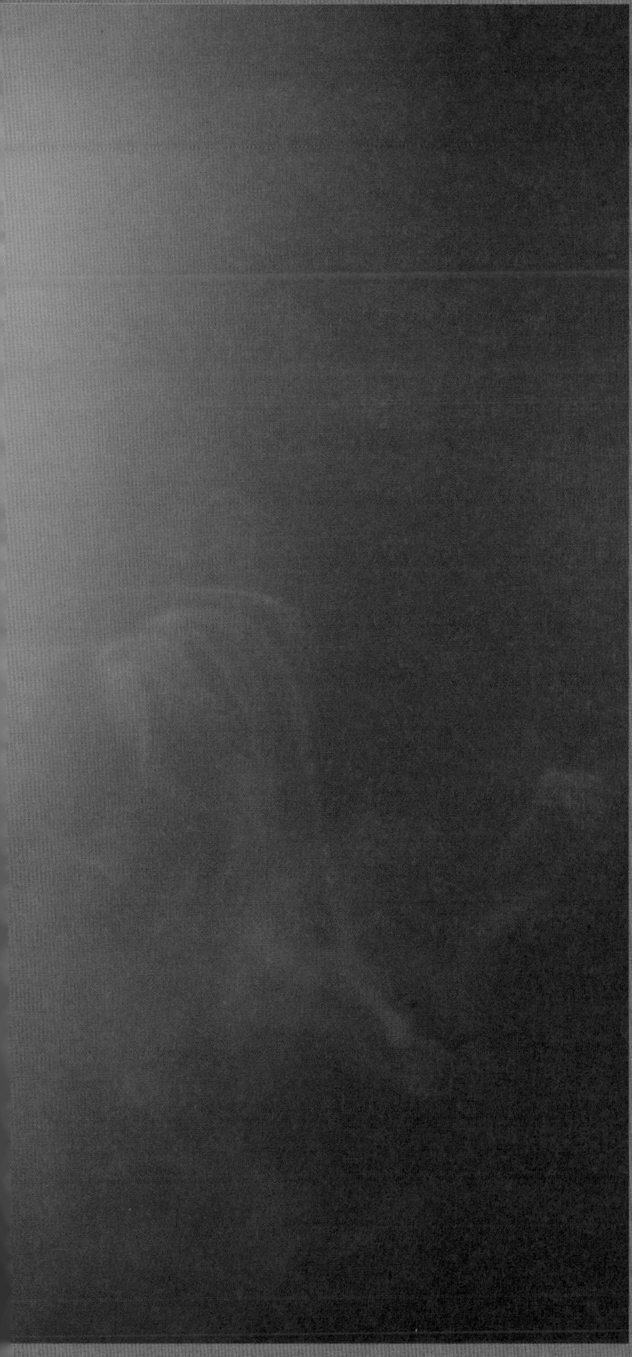

滿漢全席中的最後一道主食

片兒麵早在滿漢全席中就有記載，直到 20 世紀五六十年代，粵菜筵席仍然流行把片兒麵作為最後一道主食，它也是當時常見的消夜，但因為工序繁多，願意製作的餐廳越來越少。製作片兒麵，需要先把麵糰壓扁切塊，連續壓製六次以上，讓麵塊薄如雲吞麵皮，疊成小山形狀，再斜切六刀豎切三刀，把麵糰切成尖尖的像小魚兒一樣的菱形，再用生油或豬油下鍋炸至鮮明雪白，最後煨以鮮雞上湯。片兒麵吸收了鮮香上湯，鮮香嫩滑的口感中又帶有雞肉的清新。這道片兒麵看似食材簡單，卻蘊含著廚師精細的手藝與匠心，以及對粵菜的傳承與創新。

甜蜜綿綿　長壽仙翁

「粵宴中國」最後一道甜品選用了核桃仙翁奶露，這是民國粵菜華筵、壽筵中常見的甜點。當時壽筵的甜點非常講究，女壽星會上「王母蟠桃」，男壽星則是「仙翁奶露」，都有福壽綿長的好兆頭。仙翁，意指葛仙米。相傳東晉時期，醫學家、道教名家葛洪將一種天仙米獻給皇帝，體弱的太子食後病除體壯。皇帝為感謝葛洪，便將天仙米賜名「葛仙米」。葛仙米本來是水稻田隨處可見的藻類植物，其貌不揚，黑黑的顆粒像茶葉粒，不過經過泡發後，可謂是「麻雀變鳳凰」，色綠粒圓，玲瓏剔透，又有「綠色燕窩」之譽。在香濃的核桃糊上撒入泡發好的葛仙米，口感又香又滑，不但寓意長壽健康，更體現廣式糖水兼具文化內涵的特點，祝願壽筵者與仙同壽，托物寓意，沁人肺腑。

舉杯邀明月

「但願人長久，千里共嬋娟。」中秋節是中國一個歷史悠久的傳統節日，早在《周禮》中便出現了「中秋」二字。至唐代初年，中秋開始成為節令，且盛行於宋代。最早提到「中秋節」這一名詞的是宋代吳自牧《夢粱錄》：「八月十五日中秋節，此日三秋恰半，故謂之中秋。此夜月色，倍明於常時，又謂之夕月。」由此可以得知，當時已經有了中秋節。明清兩代，以月餅寄託中秋情思的習俗更是蔚然成風。明代田汝成在《西湖遊覽志餘》卷二十《熙朝樂事》裡說：「八月十五日謂之中秋，民間以月餅相遺，取團圓之義。是夕，人家有賞月之燕，或攜榼湖船，沿遊徹曉。蘇堤之上，聯袂踏歌，無異白日。」可見從明代開始月餅便逐漸與中秋節掛上鉤，月餅也有了團圓之意。

消失的月餅

至清代，全國已形成廣式、京式、蘇式、潮式等風味各異的月餅派系。廣式月餅注重皮薄餡多，餅皮鬆軟油亮，餡料考究雜博，好用精美肉製品，通常還加入鹹蛋黃；京式月餅則是宮廷風格，口感清甜偏硬，喜歡用麻油，餡料用得比較多的是各種果仁、紅棗、山楂等；蘇式月餅則風格獨特，酥皮沙餡。無論從市場佔有率還是認可度來說，廣式月餅都是其中的佼佼者。

西施醉月

隨著時代的發展與變遷，如今的廣式月餅已經「中西結合」，既有西方點心的工藝，又結合了廣式月餅的特色傳統。而過去被視為經典的傳統味道卻只停留在文人墨客的字裡行間。用料幾許、火候幾何等，也僅留在幾張薄薄的配方單上。2021 年，繼「消失的名菜」第一季後，廣州博物館與中國大酒店合作，在中秋前夕推出「消失的月餅」——粵色中國禮盒。這項目也是基於廣州博物館藏的文獻史料《製中秋餅材料斤兩》《月餅製作菜譜》及月餅廣告、價格表等。廣州博物館研究人員與中國大酒店廚師團隊再次攜手，一起破解餅單上的「秘密」。[55、56、57]

首先，從古至今，基於保密需要，飲食行業發展出自己的「行話」，各家茶樓食肆都有一套自己的溝通方式，對同一食材的叫法不盡相同，甚至和現在的叫法相差甚遠。其次，有些口語、俚語化的餐廚術語，需要老行尊才能回憶起當年的稱呼；某些帶有地域特色的食材，因為生產率低、製作周期長、經濟效益不高等已經停產。由於清末民初的酒家多使用十六兩秤，重量的配比也需要重新換算，以便適應現代市場口味需求的變化。博物館的研究人員以及廚師團隊通過查閱歷史文獻、訪問老師傅，在選料、揉麵、發麵、壓模、反覆烘烤等看似簡單的工序上不斷地試驗、否定、再試驗。這一過程不是簡單的復刻，而是在傳承中進行改良和創新。歷時數月，文獻裡記載的五款民國傳統月餅：西施醉月、鳳凰肉月、臘腸肉月、燒雞肉月和中豆蓉月終於從紙上回到餐桌。

臘月味道潛入秋

臘腸肉月是廣州餐飲業「引廚入點」的案例。廣州有句俗語，「秋風起，食臘味」。臘味是廣州人秋天餐廚中常用的食材，此款月餅將其引入餅食的製作之中，因此臘腸的選材是關鍵。和現代規模化生產不同，傳統的廣式臘腸有一個重要的特點，便是採用山西汾酒或玫瑰露酒醃製。品質較好的汾酒市面上最少要 80 元 0.5 公斤，而現代化勾兌生產的臘味酒只需十

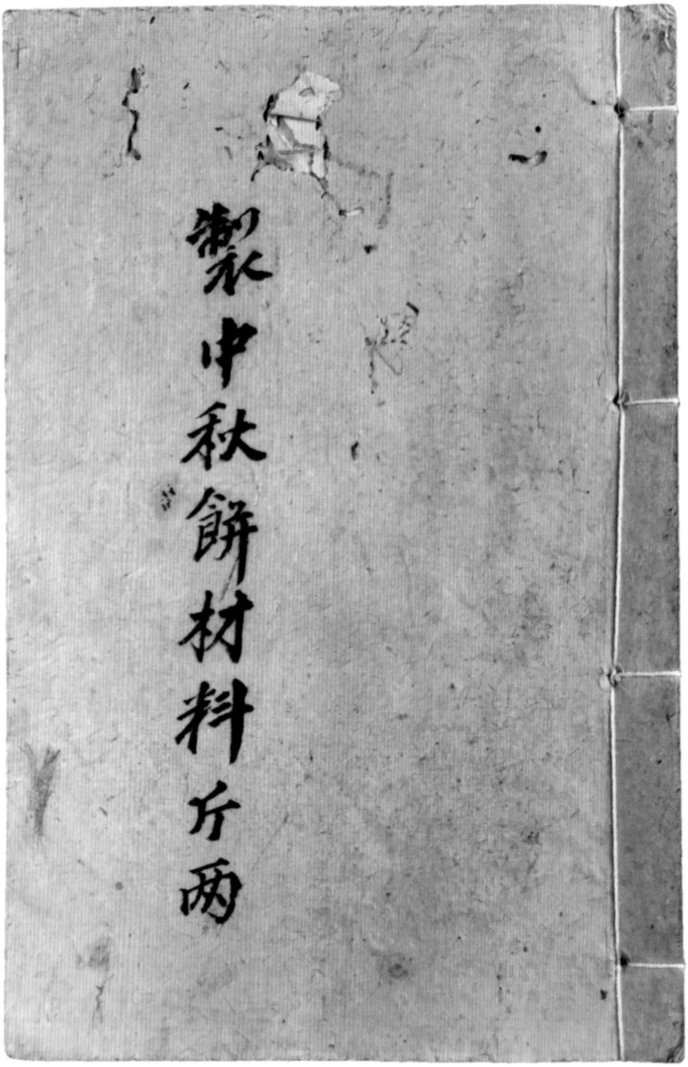

55

55 | 《製中秋餅材料斤兩》| 民國

56 | 涎香樓月餅廣告單 | 民國

57 | 蓮香樓月餅廣告單 | 民國

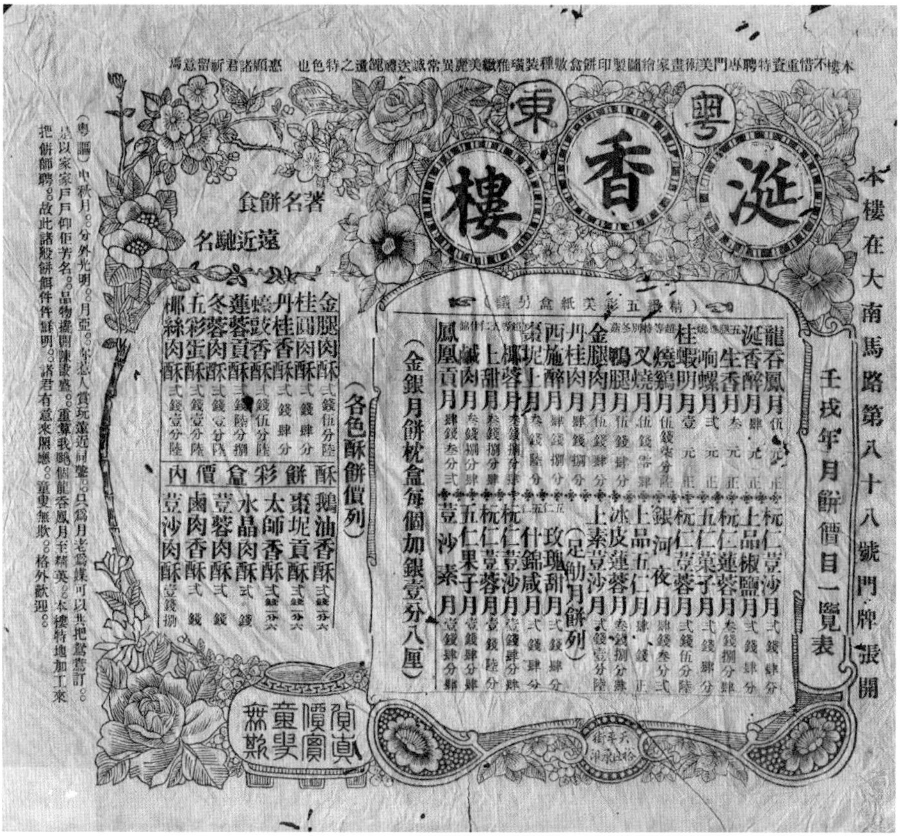
本樓不惜重資特聘專門美術畫家繪圖製印餅盒數種裝璜雅緻美麗異常誠送禮餽遺之特色也 惠顧諸君祈留意焉
本樓在大南馬路第八十八號門牌張開
粵東
涎香樓
壬戌年月餅價目一覽表
（精裝五彩美紙盒另議）
龍吞鳳月 伍元正
涎香醉月 肆元正
生香月 叁元正
响螺月 弍元正
桂蝦明月 壹元正
燒鷄月 伍錢柒分陸
叉燒月 伍錢[illegible]肆
鴨腿月 伍錢肆分
金腿肉月 伍錢肆分
丹桂肉月 肆錢捌分
西施醉月 肆錢捌分
棗泥上月 叁錢陸分
椰蓉月 叁錢捌分肆
上甜月 叁錢捌分肆
鹹肉月 叁錢捌分肆
鳳凰貢月 肆錢叁分弍
杬仁荳沙月 弍錢肆分
上品椒鹽月 弍錢肆分
杬仁蓮蓉月 叁錢捌分肆
五仁菓子月 弍錢肆分
杬仁荳蓉月 弍錢伍分陸
銀河夜月 肆錢叁分弍
上品五仁月 肆錢正
冰皮蓮蓉月 叁錢捌分肆
上素荳沙月 弍錢壹分陸
（足觔月餅列）
玫瑰甜月 弍錢肆分
什錦鹹月 弍錢肆分
杬仁荳沙月 壹錢肆分肆
杬仁荳蓉月 壹錢陸分
五仁果子月 壹錢肆分肆
荳沙素月 壹錢肆分肆
（金銀月餅枕盒每個加銀壹分八厘）
著名餅食
遠近馳名
（各色酥餅價列）
金腿肉酥 弍錢伍分陸
桂圓肉酥 弍錢肆分
丹桂香酥 弍錢肆分
蠔豉香酥 弍錢伍分陸
蓮蓉貢酥 弍錢陸分捌
冬蓉肉酥 弍錢壹分陸
五彩蛋酥 弍錢壹分陸
椰絲肉酥 弍錢壹分陸
酥餅彩盒價內
鵝油香酥 弍錢一分六
棗泥貢酥 弍錢一分六
太師香酥 弍錢一分六
水晶肉酥 弍錢
荳蓉肉酥 弍錢
鹵肉香酥 弍錢
荳沙肉酥 壹錢捌
（粵謳）中秋月。。分外光明。。月亞。。每惹人賞玩遠近同鑒。。只爲月老爲媒可以共把鴛盟訂。。是以家家戶戶仰佢芳名。。品物提倒陳設盛。。重贊我毗個龍香鳳月至精英。。本樓特地加工來把餅師聘。。故此諸般餅餌件件鮮明。。諸君有意來關照。。童叟無欺。。格外歡迎。。
價真貨實
童叟無欺
56

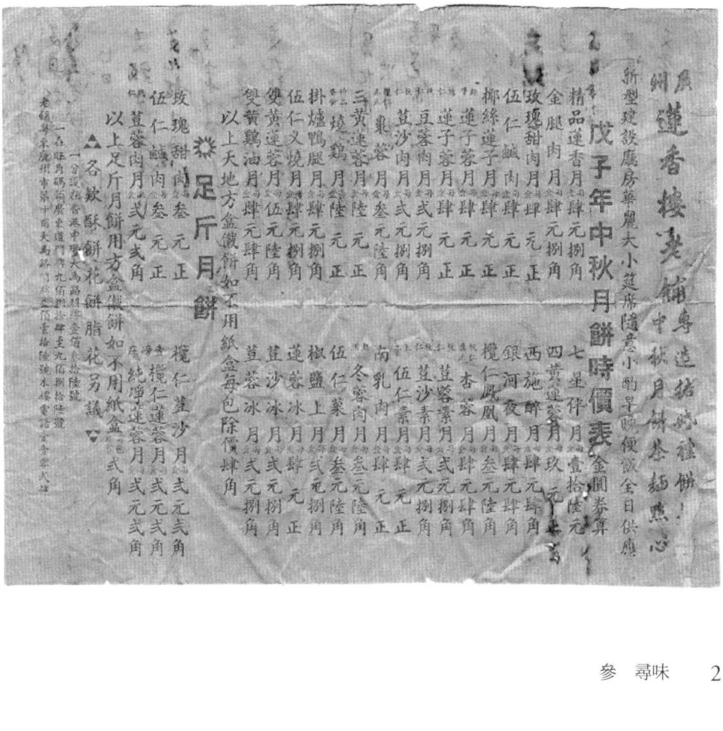
廣州蓮香樓老舖專造精緻禮餅中秋月餅茶麵點心
新型建設廳房華麗大小筵席隨意小酌早晚便飯全日供應
戊子年中秋月餅時價表 金圓券算
精品蓮香月 肆元捌角
金腿肉月 肆元捌角
玫瑰甜肉月 肆元正
伍仁鹹肉月 肆元正
椰絲蓮子月 肆元正
蓮子蓉月 肆元正
蓮子蓉月 肆元正
豆蓉肉月 弍元捌角
荳沙肉月 弍元捌角
棗蓉月 叁元陸角
三黃蓮蓉月 陸元正
燒鷄月 陸元正
掛爐鴨腿月 肆元捌角
伍仁叉燒月 肆元捌角
雙黃蓮蓉月 伍元陸角
雙黃鷄油月 肆元肆角
以上天地方盒鐵餅如不用紙盒每包除價肆角
七星伴月 壹拾陸元
四黃蓮蓉月 玖元
西施醉月 肆元肆角
銀河夜月 肆元肆角
欖仁鳳月 叁元陸角
杏蓉月 肆元肆角
荳蓉素月 弍元捌角
荳沙素月 弍元捌角
伍仁素月 肆元正
南乳肉月 肆元正
冬蓉肉月 叁元陸角
伍仁菓月 叁元陸角
椒鹽上月 弍元捌角
蓮蓉冰月 肆元正
荳沙冰月 弍元捌角
荳蓉冰月 弍元捌角
足斤月餅
玫瑰甜肉 叁元正
伍仁鹹肉 叁元正
荳蓉肉月 弍元弍角
欖仁荳沙月 弍元弍角
欖仁蓮蓉月 弍元弍角
純淨蓮蓉月 弍元弍角
以上足斤月餅用方盒價餅如不用紙盒每包弍角
▲各款酥餅花餅脂花另議▼
57

幾元 0.5 公斤，在追求效益的時代，價格較低產量較高的臘味酒早已佔據大部分市場，堅持採用品質更好的汾酒古法醃製的臘腸逐漸消失。但在廚師團隊和老師傅的堅持下，還原工作決不會馬虎了事，故而進行了對這款月餅的「靈魂」——臘腸的高度復刻，二八肥瘦，古法醃曬，成品出來後，其口感和味道都受到老師傅們的一致認可。

餡料中，主要肉類有「上肉」，意指將全瘦肉做成叉燒；「丁標」，指肥豬肉丁。此外，還有「元眼」，指龍眼。果仁方面，有杬仁、芝麻、雙桃肉、麻粉等。「杬」是一種喬木，樹皮煎汁可貯藏和醃製水果、蛋類。但在行話裡，「杬仁」可以指代欖仁。那「雙桃肉」又是什麼呢？從字面上看，似乎是兩種不同的桃仁，但桃仁含有劇毒苦杏仁素，不能食用，顯然這一猜想並不正確；從整個配方上看，此款月餅應該是五仁做底，「雙桃肉」不太可能代指桃肉。經過詢問老行尊才得知，原來「雙桃」是指大小均勻、外形左右對稱的核桃，「雙桃肉」意即核桃仁，這才解開百年謎團。

此外，在技法上，廚師團隊還加入了「檸檬葉一仙」，這是此款月餅的點睛之處。檸檬葉的使用源自西餐，清末民初也只在廣式月餅中才會出現，這是廣式餅食「洋為中用」的有力憑證。在用量上也極度克制，只用「一仙」。「仙」是重量單位，香港的酒家對「分」的英文「cent」音譯為粵語「仙」，後隨粵菜師傅傳入廣州。民國的月餅製作採用四級重量單位，分別是斤、兩、錢、仙（分），一斤等於十六兩，一兩卻又等於十錢，一錢等於十仙（分），因此換算回現代的克重相對不易。十六兩秤制度源於秦代，這便是成語「半斤八兩」的由來。1949 年後為便於市民換算，方才將一斤更改為十兩。些許檸檬葉的加入，減了幾分油膩，多了一點清香，代表著粵菜師傅敢於創新，既堅守傳統又包容涉獵，是對傳統菜式的時代詮釋。[58]

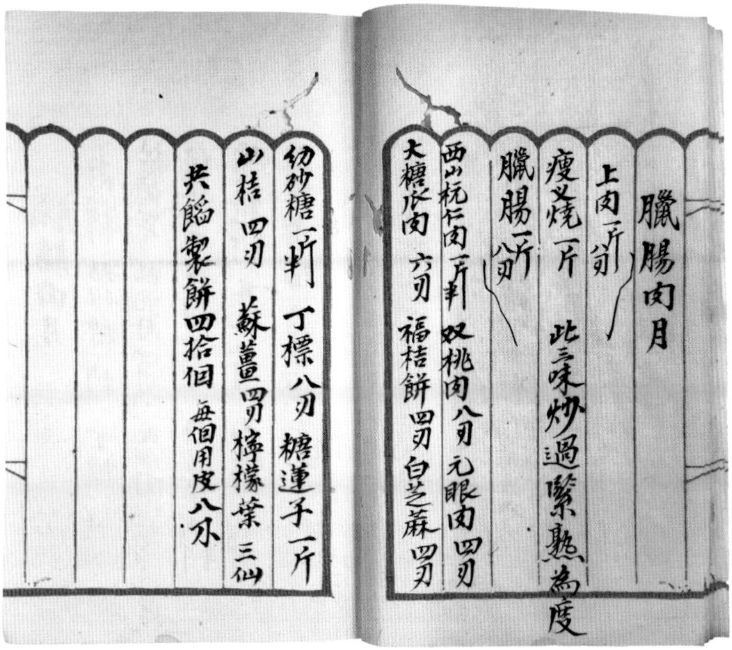

臘腸肉月
上肉一斤
瘦叉燒一斤 此三味炒過緊熟為度
臘腸一斤八両
西山欖仁肉一斤半 双桃肉八両 元眼肉四両
大糖冬肉 六両 福桔餅四両 白芝麻四両
幼砂糖一斤半 丁標八両 糖蓮子一斤
山桔 四両 蘇薑四両 檸檬葉 三仙
共餡製餅四拾個 每個用皮八小

58｜臘腸肉月｜民國

席上之雞可製餅

廣式月餅擅長以肉製品入餅食，在「無雞不成宴」的廣州，燒雞也成為月餅的特色餡料。此次「消失的月餅」選取的燒雞肉月，以五仁餡料做底，將主要肉類換成燒雞。燒雞的製作有四大特點：一是選料要精，雞不能太老也不能太嫩，否則要麼肉質太韌，要麼缺乏口感，採用一斤半到兩斤的光雞最好；二是品種要對，經過三黃雞、靈山雞、海南雞等雞種的多番輪試，才找出最適合製作成餡料的品種；三是火候一定要夠，需要精準把控肉質和水分的比例；四是配方要準，經過多番探討，老師傅們在文獻記載的基礎上，對原有配方做了適當的改良，最終敲定此次的燒製配方，並決定用傳統爐灶燒製。只有達到以上標準，此款月餅才成功一大半。[59]

除了燒雞，其他配料也不容小覷，「福橘餅」是橘餅的雅稱，即以帶皮紅橘糖漬加工而成的果餅；「玫瑰糖」是糖漬玫瑰，為月餅增加酸甜的口味和玫瑰的芳香；最具有廣府特色的當屬山橘和蘇薑。山橘和蘇薑在行話裡分別對應陳皮和仔薑，這兩樣食材特別是蘇薑，幾乎只出現在廣式月餅當中。粵菜注重食補，不同食材有不同療效，皆可入饌，比如著名的「廣州三寶」陳皮、老薑、禾稈草。此款月餅加入的仔薑也別具療效，其水分充足，適合體質燥熱的人群，口感脆嫩，與老薑相比別有一番風味。

西子湖畔月

月餅命名，往往會援引與「月」相關的典故、風物、盛跡，讓花好月圓的佳節平添詩意和美好，比如三潭印月、銀河夜月、平湖秋月、嫦娥奔月、月宮寶盒、西施醉月等。此季「消失的月餅」選用了民國時期比較流行的西施醉月進行還原。西施是中國古代的四大美人之一，經常會用於粵菜菜品、點心的命名，如西施蝦仁、西施粉果、西施蟹肉盒、西施豆腐等，究其原因，大概是西施為江浙一帶的越人女子，而近代粵菜在發展過程中受江浙風味影響較深吧。而以此命名的菜品通常也有口感柔和嫩滑、色澤如玉潔白的特點，也契合人們印象中西施手如柔荑、膚如凝脂的美人特質。西施醉月源自一個與月亮有關的美麗傳說：才貌出眾的西施被范蠡送入吳王宮中後，博得了吳王夫差的信任和歡心，但她的心日夜都在思念故鄉家園。暮春的一個晚上，西施扶著窗欄、對著明月不停哀息惋歎。夫差見此，召集群臣想辦法，最後決定為西施在靈岩山修築行宮，還開鑿兩座池子，大者稱「西施井」，小者稱「玩月池」。西施常於明月之夜與吳王賞月，借池中倒影與水中明月嬉戲。她用手遮住半邊月影，戲言「水中撈月」，人們便傳之為「西施玩月」，以此衍生出「西施醉月」的美名。這是民間對西施形象的美好想像。

西施醉月的原料十分豐富，以蝦仁、金銀潤、叉燒、火腿、丁標等肉製品

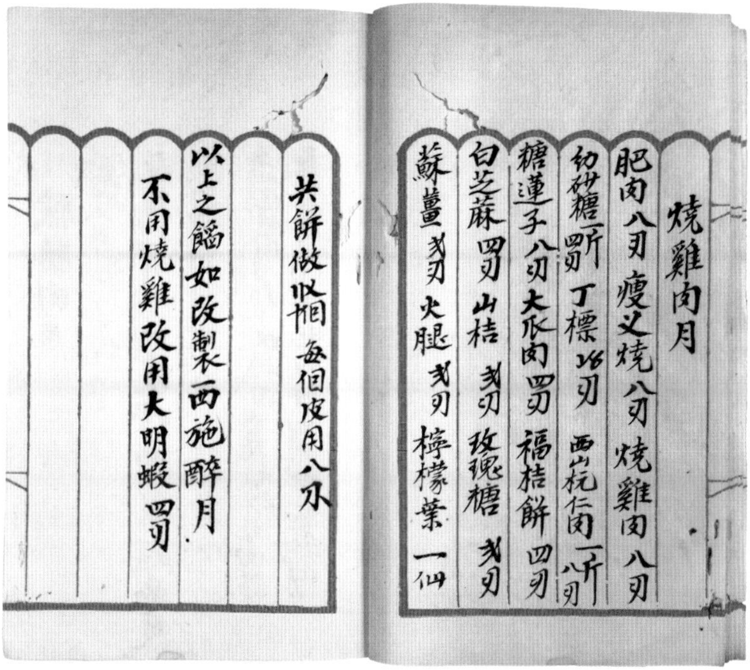

燒雞肉月

肥肉八兩 瘦叉燒八兩 燒雞肉八兩

幼砂糖一斤四兩 丁標廿兩 西山杬仁肉一斤八兩

糖蓮子八兩 大瓜肉四兩 福桔餅四兩

白芝蔴四兩 山楂二兩 玫瑰糖二兩

蘇薑二兩 火腿二兩 檸檬葉一仙

共餅做收個 每個皮用八不

以上之餡如改製西施醉月

不用燒雞改用大明蝦四兩

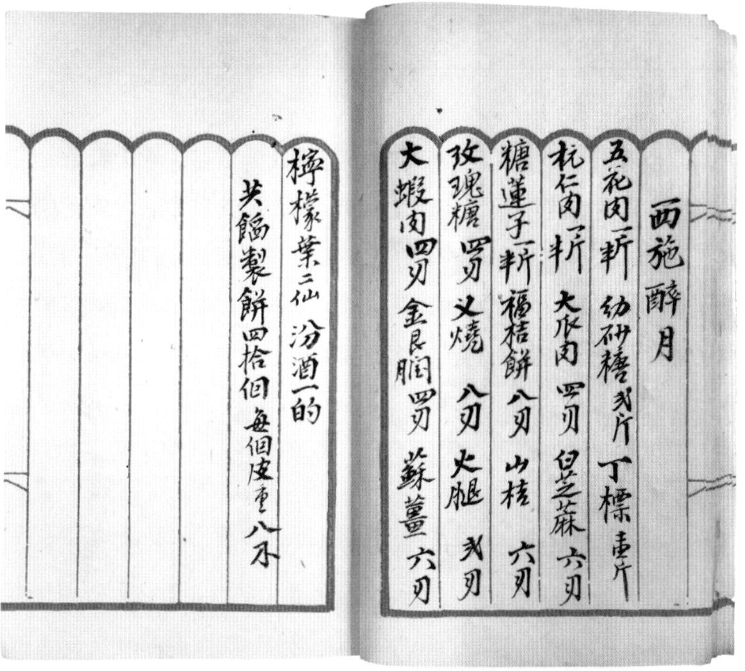

西施醉月

五花肉一斤 幼砂糖二斤 丁標壹斤

杬仁肉一斤 大瓜肉四兩 白芝蔴六兩

糖蓮子一斤 福桔餅八兩 山楂六兩

玫瑰糖四兩 叉燒八兩 火腿二兩

大蝦肉四兩 金良腩四兩 蘇薑六兩

檸檬葉二仙 汾酒一的

共餡製餅四拾個 每個皮重八不

59｜燒雞肉月

60｜西施醉月

為主，伴以杬仁（欖仁）、芝麻、山楂、蘇薑等果仁果品，輔以大瓜肉、福橘餅、糖蓮子等糖果，還添加了芳香的玫瑰糖，鹹甜適宜，餘味動人。此款月餅製作時，蝦肉的取材成為關鍵。在選用蝦乾還是活蝦、原隻還是切粒等問題上，廚師團隊反覆權衡，最終決定追求品味之美，採用大小適中的活蝦煮熟，去殼切粒，保持鮮爽的味道和口感。[60]

柔柔綠豆蓉　當中秋月明

前面選入的幾款月餅，都體現了廣式月餅善用五仁的傳統。所謂五仁，即杬仁（欖仁）、瓜子仁、杏仁、芝麻仁、核桃仁等，製成後如繁星點點，均勻分佈，觀之誘人，食之甘香，還有五穀豐登的美好寓意。除了五仁餡底，廣式月餅還以細膩柔滑的蓮蓉、豆沙、豆蓉餡著稱。此次「消失的月餅」選用了一款中豆蓉月作為其中代表。所謂「豆蓉」，在粵點中一般指綠豆沙，「豆沙」才是指紅豆沙。據廚師團隊介紹，現在市面上一般使用紅豆沙，採用綠豆蓉的比較少了，這也體現了此款月餅的獨特性。口感上，豆蓉更為清淡細滑，豆沙則更加厚重實在。

所謂「中豆蓉」，指採用個頭中等的綠豆，餘者還有「大豆蓉」「細豆蓉」的區別。要做出香滑豆蓉，全靠一個「鑊」字，餅單上的熟肥肉就是傳統鑊豆蓉的必備材料。傳統的鑊豆蓉，要挑選皮薄口粉的綠豆浸泡二至四小時至膨脹，加水煮爛脫殼後研磨過濾，再放入糖和油，在大銅鍋上不斷用木鑊翻炒。熟肥肉就是為提煉豬油翻鑊綠豆而加入的。為了適應市民對健康飲食的需要，廚師團隊用炸過蒜的植物油代替豬油，以減少膽固醇含量，這樣製作出來的豆蓉甜而不膩，香而不俗，展現了廣式月餅適應現代生活、不斷改良創新的活力。[61]

在中豆蓉月的基礎上，加入了原隻鹹蛋黃，又形成了一款新的月餅「鳳凰肉月」。[62]它與中豆蓉月的配方基本一致。「鳳凰」即鹹蛋黃的雅稱，菜

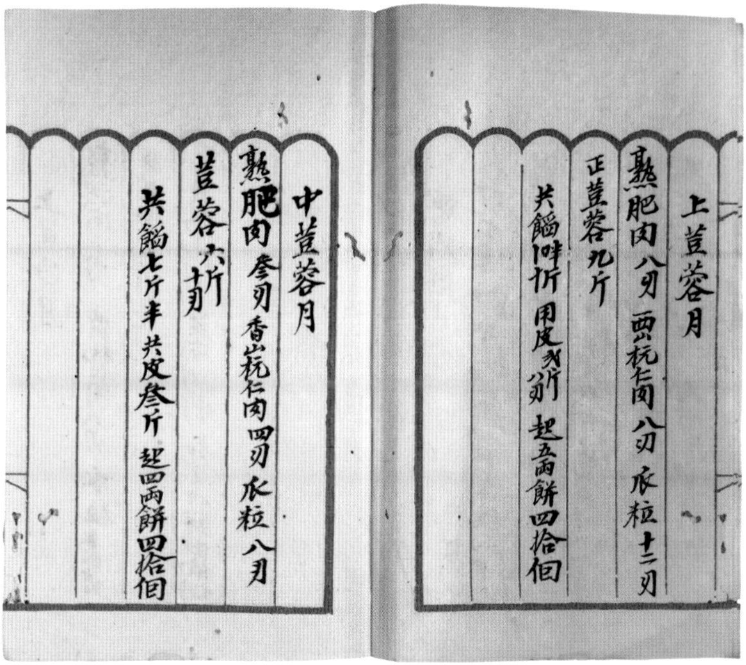

上荳蓉月
熟肥肉八両 西杬仁肉八両 冰粒十二両
正荳蓉九斤
共餡十斤 用皮弍斤八両 起五両餅四拾個

中荳蓉月
熟肥肉叁両 香山杬仁肉四両 冰粒八両
荳蓉六斤八両
共餡七斤半 共皮叁斤 起四両餅四拾個

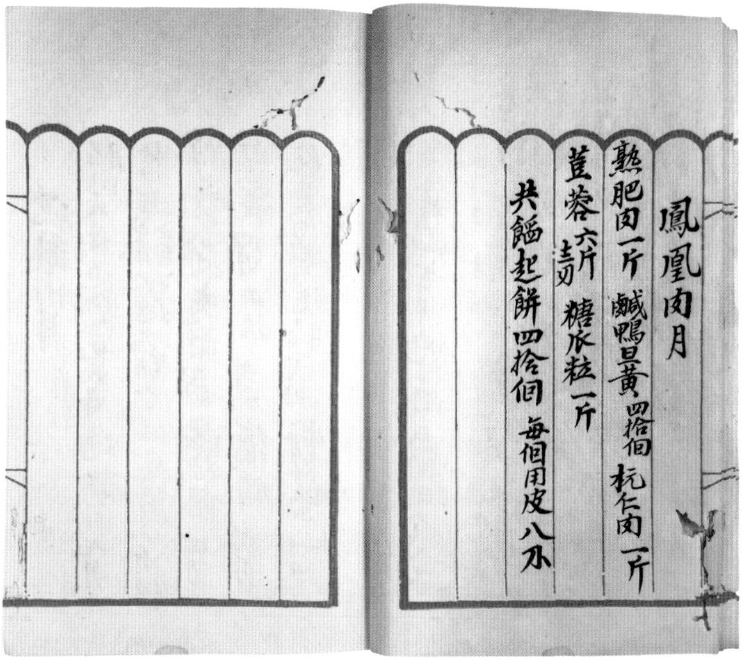

鳳凰肉月
熟肥肉一斤 鹹鴨旦黃四拾個 杬仁肉一斤
荳蓉六斤十二両 糖冰粒一斤
共餡起餅四拾個 每個用皮八水

61 ｜中豆蓉月

62 ｜鳳凰肉月

名當中有「鳳凰」的，一般都與雞、雞蛋相關。清代袁枚的《隨園食單·小菜單》中有「醃蛋」一條：「醃蛋以高郵為佳，顏色紅而油多。」這種蛋黃紅沙而冒油的醃蛋，就是指鹹鴨蛋，以江蘇高郵出產的為佳。袁枚記述，乾隆時期的名臣高晉就好這一口，一般是成隻鴨蛋帶殼切開擺放在盤中，席間先夾取敬客，需蛋黃、蛋白一起吃；不能去掉蛋白只留蛋黃，這樣不但味道不全，而且蛋黃的紅沙油也容易流失。可見鹹鴨蛋之妙，在於蛋黃之香、之油，也在於蛋白之軟嫩鮮香也。著名散文家汪曾祺先生也是高郵人，曾寫過一篇溫情脈脈的《端午的鴨蛋》，記錄故鄉的味道。清末民初之前，其他地方吃鹹蛋都是單獨吃，或當一道涼菜或是佐菜，只有廣式月餅會將它作為月餅的餡料，加入鹹蛋黃的鳳凰肉月富含脂肪、蛋白質、氨基酸和維生素，營養十足，打開後油香四溢，色鮮味美，深受長者和兒童的喜愛。蛋黃如滿月，寄託了團圓相聚的吉祥寓意。廣式蛋黃月餅有單黃、雙黃、四黃之分，講究蛋黃不偏皮，四等分切開以後每塊均能見蛋黃。據菜譜記載，此款鳳凰肉月需準備鹹鴨蛋黃 40 個，起餅 40 個，故而為單黃。

五款「消失的月餅」，甜中有鹹，鹹中有鮮，細審配方，精選原料，在嚴格遵循古方的同時，又根據現代生活的少油低糖等健康需求，加以微調再推出市場，故深得大眾喜愛。還原廣式傳統月餅，不僅表達了對傳統粵地文化的致敬與傳承，更為廣大市民帶來了寄託情懷、傳遞祈願的精神慰藉。塵封的廣式餅餌技藝也在傳承和創新之間賡續。

「消失的月餅」除了餡料從文物中來，其包裝禮盒的設計也是一次成功的文物活化，其元素源於廣州博物館珍貴的館藏國家二級文物——清代黑漆描金開窗庭院人物圖縫紉盒。[63] 中國大酒店團隊以該縫紉盒為藍本設計了「粵色中國」禮盒。[64] 這件幾乎一比一還原文物的八角形禮盒，純手工打造，以墨綠為底色，用金色勾勒出亭台樓閣、花草樹木，人物位於庭院中輕搖蒲扇悠閒賞月，一幅歲月靜好的景象。盒邊則錯落地分佈著蝙蝠、蝴蝶、菊花、八寶等紋飾，寓意福氣滿門，吉祥如意，團圓美滿。

63 ｜黑漆描金開窗庭院人物圖縫紉盒｜清代
64 ｜「粵色中國」禮盒

點點可心意

消失的點心

「點心」一詞，早在唐宋的話本、雜談中就有出現。唐代孫頠的《幻異志》就有記載：「雞鳴，諸客欲發，三娘子先起點燈，置新作燒餅於食床上，與諸客點心」。宋代莊季裕的《雞肋編》有「上覺微餒，孫見之，即出懷中蒸餅云：『可以點心』」。由此可知，點心是古人用以充饑墊腹的食品，史籍記載點心有粉麵、湯圓、雞蛋糕等主食，也有包含茶食在內的各種糕點、餅食，可作正餐食用，也有閒情點綴、可心怡情之意。發展至近代，點心逐漸形成南北兩途，據周作人考察，「北方的點心歷史古，南方的歷史新……北方可以成為『官禮茶食』，南方則是『嘉湖細點』」。精巧雅致，是南方點心的最大特點，點心之南北分化由此而成。

廣式點心在近代逐漸崛起，既繼承了嶺南民間小食以米、雜糧為主的特色，比如米製品、雜糧製品、雜食等，也對北方的麵食點心進行本土化改良。《廣東新語》記載：「廣人以麵性熱，不以為飯。」老廣並不習慣於食用麵食，故而清代以後，北方風味的麵食點心隨著廣式茶樓的迅速發展不斷改良創新，最終演變為具有嶺南特色的廣式點心。廣式點心最大的特點是深受歐美各國的飲食文化浸潤影響。鴉片戰爭後，西餐食譜大量進入廣州餐飲市場，廣州點心師傅吸收和改進了西式甜品種類和製作技巧，將牛油、焗、烘烤等西式特色成功融入廣式點心。隨著廣州這一世界商都的蓬勃發展，廣式點心也蜚聲海內外，擁有了世界性的名片稱謂——「dimsum」，成為中國點心在外國人眼中的代名詞。

清末民初，以一盅茶、兩件點心為特色的茶居、茶樓已經風靡廣州，成為時人一種值得稱道的生活方式。二十世紀二三十年代是廣州點心業發展的興旺時期，禤東凌、李應、區標、余大蘇「四大天王」橫空出世，並創製了「星期美點」等傳統點心制度，大大豐富和拓寬了點心的款式和容量，本地人對點心也有了特殊的感情。改革開放後，廣式點心不斷吸收百家之所長，將廚房包點的皮類發展為四大類二十三種，餡料發展為三大類四十七種，款式達四千種以上，以精巧雅致、款式常新、適時而食、保鮮味美、古為今用、洋為中用的特點傲立中國食林，與京式點心、蘇式點心並立為中國三大點心流派。

廣式點心在粵菜中佔據著舉足輕重的地位，「消失的名菜」系列怎能沒有點心的身影？二〇二二年，廣州博物館與中國大酒店，根據二十世紀三十年代《製麵、糖果、油器、飽餃、點心、糕點、冰室各種品食類製法》一書，創作還原了二十款早已在餐桌上消失的民國點心：咖啡奶糕、茨蓉布甸、雞粒甘露夾、酥皮蔥油包、冰肉蓮蓉餅、紅豆軟皮餅、玫瑰馬蹄盞、椰蓉豬油包、桂花棗泥卷、雪梨鮮奶露十款甜點；雞粒梅花餃、西施粉果、金陵鴨芋角、千層鱸魚塊、龍鳳灌湯餃、錦滷雲吞、柚皮焗鬆餅、雞粒粟米盞、金陵鴨粉卷、香煎滷肉包十款鹹點。這二十款點心既體現了粵菜海納百川、兼收並蓄的特點，也折射出廣東人務實進取的精神內涵。

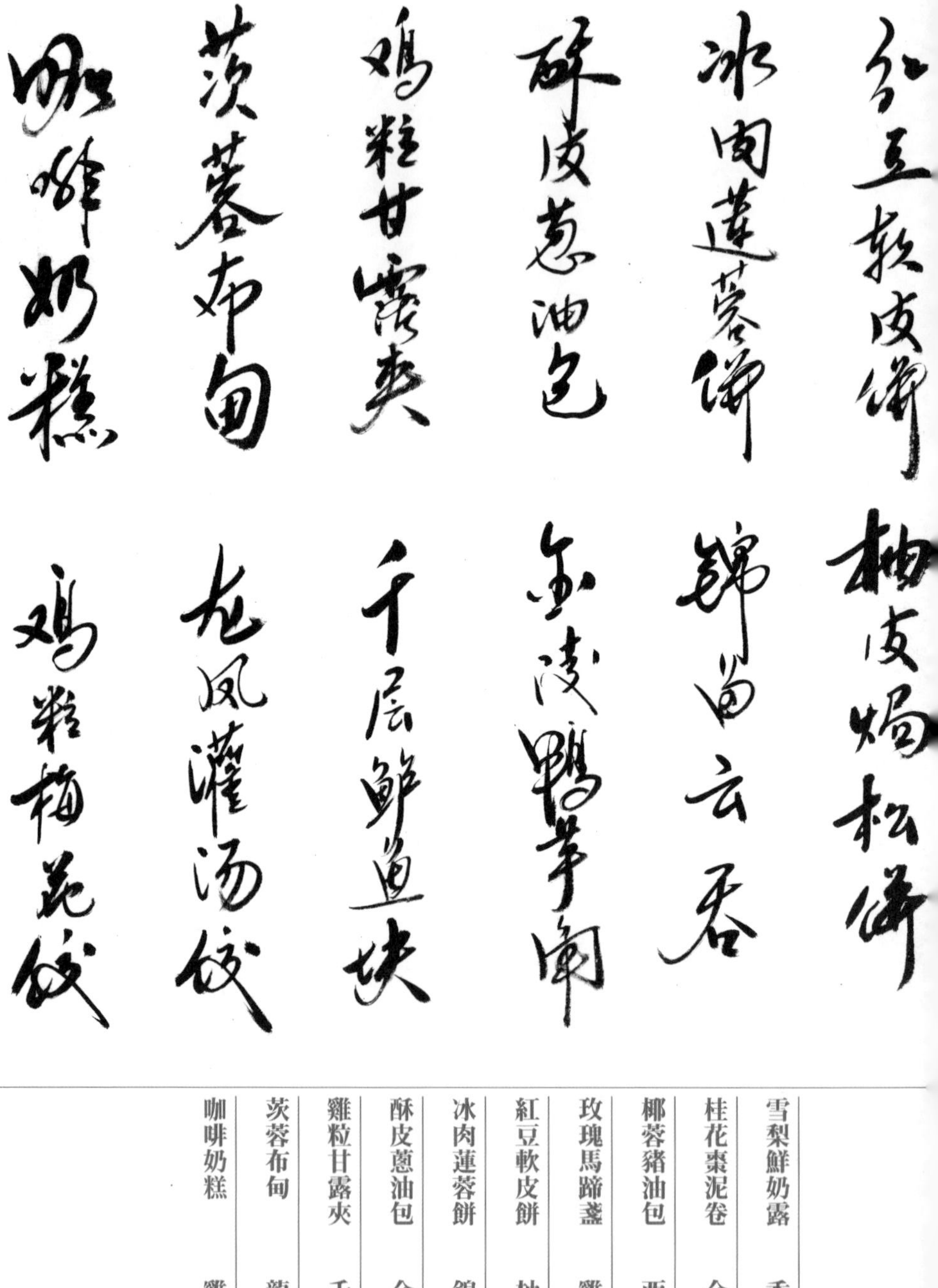

雪梨鮮奶露　香煎滷肉包
桂花棗泥卷　金陵鴨粉卷
椰蓉豬油包　西施粉果
玫瑰馬蹄盞　雞粒粟米盞
紅豆軟皮餅　柚皮焗鬆餅
冰肉蓮蓉餅　錦滷雲吞
酥皮蔥油包　金陵鴨芋角
雞粒甘露夾　千層鱸魚塊
茨蓉布甸　龍鳳灌湯餃
咖啡奶糕　雞粒梅花餃

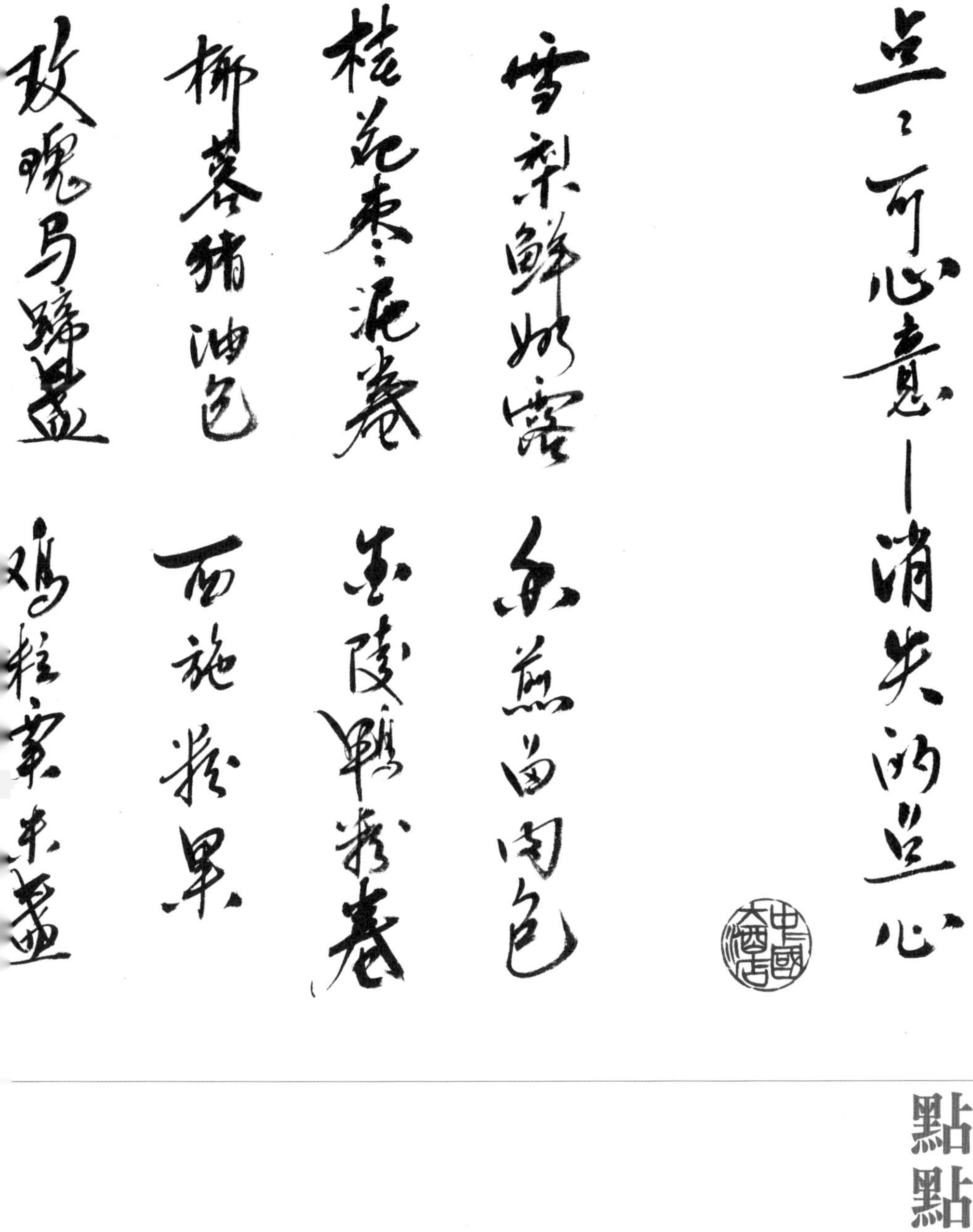

點點可心意

桂花棗泥卷

冰肉蓮蓉餅

紅豆軟皮餅

玫瑰馬蹄盞

雪梨鮮奶露

傳統點心味

傳統的廣式點心區別於其他流派點心的最大特點，是「廚為點，點為廚」，或者說「引廚入點」，將傳統的廚房菜餚食材、烹飪方法等引入點心。冰肉蓮蓉餅就採用了傳統粵菜中常見的食材「冰肉」和蓮蓉作為主要材料。「冰肉」是指用燒酒和白糖醃製過的肥豬肉，雪白如冰，瑩潤透明，故有此稱。這款點心中的冰肉需要用玫瑰露酒替換燒酒，醃製一個星期以上。蓮蓉的熬製方式要從豬油輔助改良為用秘製植物油，慢火細鏟而成。蓮蓉和冰肉製成後，一起夾入混酥皮中包成餅。所謂混酥，是吸取西式做法，用牛油混合豬油起酥。中國傳統點心應用的動物油脂多限於豬油，牛作為農耕生產力十分珍貴，除祭祀以外，國人幾乎不會食用牛肉。而歐洲的氣候和地理環境使其畜牧業更為發達，食用牛羊的歷史悠久，所以糕點中也大量使用牛油。廣州的點心師傅在接觸到牛油後，將牛油與豬油混合使用，創造出比中式傳統酥皮和西式酥皮更香的「混酥」皮，在餅坯上掃蛋液再放入烤箱烘烤至金黃色，嘗之滋味濃郁，酥香無比。

紅豆軟皮餅是廣式點心師傅的快手佳點。「紅豆生南國，春來發幾枝」，廣州人對紅豆的情感源自小時候母親親手熬製的一碗碗紅豆糖水，這是每代人獨特的回憶。製作紅豆軟皮餅需要挑選大小適中、表皮光滑、色澤紅潤的紅豆，如果豆子過老，則皮糙肉厚，難以脫殼；豆子過嫩，則粒小肉薄，口感不佳。先將選好的豆子浸水，蒸熟至軟而不爛，成顆粒狀待用。接下來就是餅皮的製作，在糯米麵糰中加入澄麵，使麵糰有足夠的韌性。餅皮壓好後，釀入紅豆餡，並在餅皮兩面分別點綴上欖仁和白芝麻，隨後入屜蒸熟，再下鍋煎香。因為澄麵的加入，使表皮白而不濁，芝麻和欖仁的香氣互為補充，相得益彰。

玫瑰馬蹄盞體現了廣式點心取材自然的特點。廣州素有「花城」美譽，廣州人不僅愛賞花，還愛吃花，擅長以鮮花作為食材原料或者造型，而馬蹄又是廣州本地著名的水生植物「泮塘五秀」之一，富有濃郁的嶺南風土意味。將糖漬過的玫瑰用山泉水化開，加入馬蹄粒和馬蹄粉持續文火慢推至生熟漿。生熟漿之「熟」，並非指食物的熟度，而是指水糊的凝結程度。水糊過稠，凝而不透；水糊過稀，則馬蹄粒下沉，也不夠美觀。推好的糊漿內料分佈均勻，倒入玫瑰模具中入籠蒸熟，一朵朵「玫瑰」便在桌上怒放。

雪梨鮮奶露採用了傳統粵菜廚房常見的「燉」式。廣州人相信從天然食物中可以汲取營養，獲得療效，其中講究慢火細功的「燉」是食療的良法。如果以較為堅硬的食物外殼、外皮充當燉盅，想必功效更為卓著。這道甜食需要先挖空雪梨的內芯充當燉盅，再加入鮮奶慢燉。廣州人喜食雪梨，因其清新爽甜，滋潤喉肺，長時間地燉煮讓雪梨的滋味融入牛奶之中，最後放上枸杞點綴，成為簡單易做、可以讓大眾在家也能復刻的家常甜點。

「桂子月中落，天香雲外飄」，在唐代詩人宋之問的眼中，桂花香透九霄、生於朗月之秋。廣州氣溫高，桂花開得晚一些，每到深秋，鎮海樓前的桂花隨風而舞，清香撲鼻。取一捧桂花與牛奶混合製成凍膠，與棗泥凍膠一起趁熱黏合捲起，隨後冷凍成型再行切段，最後入籠蒸熟，一道清香暖胃的桂花棗泥卷就完成了。

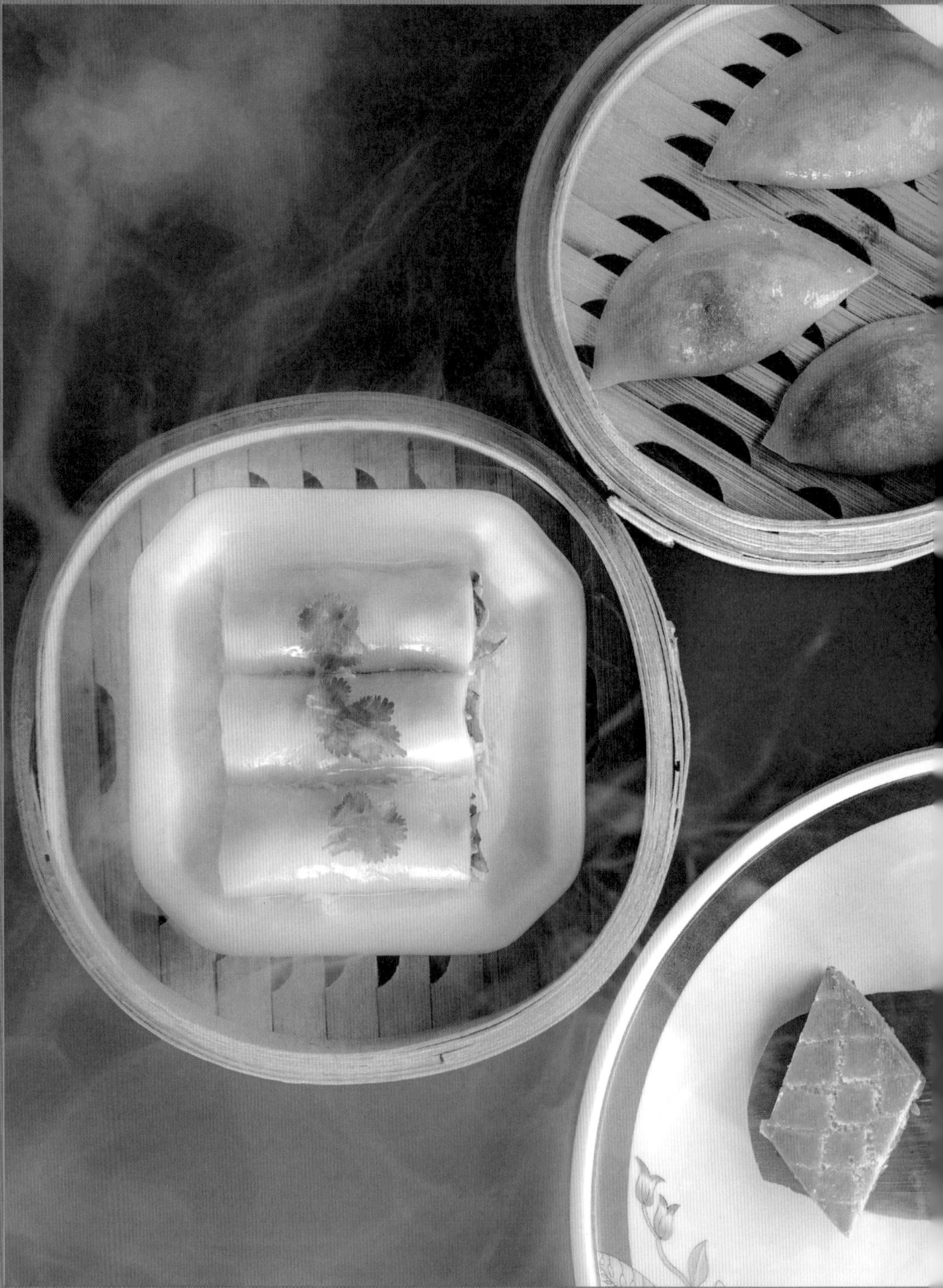

西施粉果

雞粒梅花餃

金陵鴨粉卷

雞粒甘露夾

點心也可沒「面皮」

與北方麵點不同，廣式點心可以不用麵粉製皮，甚至沒有「皮」。比如鳳爪、排骨都沒有皮；雞絲粉卷、雞絲拉皮則分別用有韌性的河粉和純粹的馬蹄粉製皮；鮮粟蝦仁脯、西施蟹肉盒、桂魚雞絲筒等，更是直接用肥豬肉、魚肉等肉類蓋面，充當皮的角色。還有一種傳統「夾」式，食材蘸蛋漿層層相疊，蓋面仍為食材中之一，如珍肝荔芋夾，以麵包做底，中間分別以滷過的雞肝、梅柳疊之，在上蓋面者就是醃製過的肥肉——豐富包容，不拘一格，這是廣式點心數量可以達到數千款的原因之一。

雞粒梅花餃的外皮，就是將澄麵、生粉用開水燙熟和勻製成，用刀將外皮拍成蝦餃皮形狀，包入餡料，摺四摺成梅花形，在四塊梅花葉上放冬菇、玉米、胡蘿蔔、芹菜四樣蔬菜粒作點綴，入籠蒸熟。梅花餃採用了傳統點心製作手法中的疊捏法，具有相當難度，點心師傅需要有一定的經驗和耐心才能捏出形象生動的梅花狀。梅花餃造型美觀、逼真，是高檔宴會才會製作的花色點心。用此法製作的餃子，還有雙孔的鳳眼鴛鴦餃、三孔的一品餃等。隨著時代的變遷，食客的關注點從追求色香味俱全轉移到效率和性價比上。由於缺乏市場需求，久而久之，這種費時、費工夫的點心便逐漸減少，越發罕見。

西施粉果同樣以富於韌性的米粉或澄麵粉作為外皮。相傳清末一名叫娥姐的女傭因製作粉果別有風味，被「茶香室」老闆聘去主製粉果，這道點心也因此命名為「娥姐粉果」。「娥姐粉果」推出後，食客絡繹不絕，引來各大茶樓競相效仿。文人食客得知此事，將「娥姐粉果」改名為「西施粉果」。經過近百年的改良，粉果成為廣州食肆十分普遍的傳統點心，「西施」一詞也不再專指製作粉果的女性，還包含了對粉果白裡透紅、滋味十足的讚美。

金陵鴨粉卷的特別之處在於它的粉皮由古法製作而成，屬傳統「布拉腸」的範疇。傳統粵點中拉腸的製法主要有三種：一種就是用於金陵鴨粉卷粉皮的布拉腸，以粘米粉、生粉和水調製而成，質地相對較軟；一種是鋪在竹篾上蒸熟的「沙河粉」，軟韌適中；還有一種是用機器蒸熟的，口感最結實。除了製皮，如何去除鴨肉的腥味也相當重要，金陵鴨去骨切絲後用薑蔥汆水，再起鍋爆香，最後搭配韭黃和甘筍絲（胡蘿蔔絲）用布拉腸卷起，汁水飽滿，油香四溢。

雞粒甘露夾並沒體現「夾」式點心以肉做皮的特點，仍採用糅合西式技法的酥皮，以豬油和牛油混合的混酥法製之。將雞肉、冬菇、胡蘿蔔切粒煮熟成餡；將麵粉、牛油、豬油、雞蛋、清水拌勻，製成皮；以一層酥皮做底，中間放入餡料，再蓋上一層酥皮，掃上雞蛋液放入鐵盤烘至金黃色即可。

香煎滷肉包　椰蓉豬油包

龍鳳灌湯餃

主食點心　頂肚大件

廣式點心除了精小雅致，還有「大件抵食」的主食點心，比如蔥油餅、番薯餅、南瓜餅等餅食，還有各色包點。椰蓉豬油包就是其中典型，老廣製點最喜豬油。此款包點的特點在於，蒸製出來後，外表呈蟹蓋狀。「起蟹蓋」，是廣式點心獨有的一大特點，其秘訣在於油量、「手勢」和火候，油要比平常用得少一些，麵皮跳過發麵的步驟直接揉搓，但一定不能揉到「起筋」，避免麵糰過於有韌性，另外還需加入鮮奶和蛋白增白提香。包坯製好後需放入籠中武火蒸熟，出品既有童趣，亦有雅趣，因此也被稱為「蟹蓋豬油包」。

香煎滷肉包的餡料滷肉在東北、江浙、閩粵、川湘一帶均有製作，因滷水的不同，各有特點。滷水主要分為紅滷和白滷兩大類，區別在於是否加糖色。加糖色的滷水汁為紅滷，滷出的食物呈金黃色（咖啡色），如滷牛肉、滷肥腸等；不加糖色的則為白滷，滷出的食物呈無色或本色，如白滷雞、白滷牛肚或豬肚等。先用廣州三寶之一的禾稈草將豬肉烤香，再放入秘製滷水汁醃製一星期左右，與酸菜共同入餡，最後將包點蒸熟煎香。這道香煎滷肉包中的滷肉吸收了南北製作方法之長，分外惹味，食之齒頰留香。

席上生風　美景雙輝

點心是粵式飲食文化的重要組成部分，而且在「引廚入點」等風氣的影響下，形成了粵菜筵席中「無點不成席」的規矩。能夠上席的點心，根據品質劃分為美景雙輝、席上點心兩類，體量絕對不會大件，既保持點心的精巧外形，也能充分展現製點的工藝和技術。席上點心一定有糖花、澄麵花等優美的伴邊。例如千層鱸魚塊、金陵鴨芋角和錦滷雲吞三款曾亮相「消失的名菜」筵席之上。

龍鳳灌湯餃同樣是一款「矜貴」的席上奢侈品。其源自蘇式點心，經過改良成為廣式點心。它不僅貴在食材，還貴在時間，貴在功夫。想要做出一隻既有外觀又有內涵的灌湯餃，背後的功夫以年計算，能上案板做灌湯餃，是廚房裡師傅對徒弟的肯定。龍鳳灌湯餃的湯先用雞肉、豬骨、火腿粒等原料熬製三至四小時，並拿出部分上湯加入瓊脂冷凍。其後，將雞肉（鳳）、蝦仁（龍）和凝固的湯汁包裹進薄薄的餃子皮內，再經過長時間的蒸煮，最後將精美的餃子放入湯盅，加上秘製高湯。一道清澈透亮、味道醇厚的龍鳳灌湯餃就完成了，輕輕一咬足以媲美滿桌盛宴。

茨蓉布甸

酥皮蔥油包

柚皮焗鬆餅

咖啡奶糕

雞粒粟米盞

西風東漸　洋為中用

清末民初，大量西方文化融入廣州這座城市裡，對市民的衣食住行產生了十分明顯的影響。反映在餐飲上，那就是出現了大量使用西式烹調技法、原料製作出來的各色點心。咖啡奶糕是經典的民國點心，咬下去濃郁的咖啡香味蔓延口中，伴隨著牛奶的香甜，口感彈牙冰爽，在當時深受外國客人和海歸人士的喜愛。此款糕點製作方法與椰汁千層糕十分相似，最講究耐心，必須等上一層漿液冷凝後，才能緩慢倒入下一層，過程中不能抖動，以免產生氣泡。每次製作，即便是老師傅也要耗時兩小時以上。中國的千層糕，海外的咖啡豆，既有傳統，又有創新，洋為中用，中西並舉。時至今日，這份獨有的包容性，依然是廣式點心的最大特點。

茨蓉布甸，觀名即可知其為舶來品。布甸又可譯為「布丁」，是「pudding」的粵語音譯。在英國，布甸不僅是一種半凝固狀的冷凍甜點，還可代指任何甜點，因此做法上也並沒有局限。茨蓉在粵語中與「薯蓉」同音，泛指日常生活中的薯類，可能指馬鈴薯、番薯、山薯等。徐麗卿等師傅研究認為，清末民初時，馬鈴薯已在點心中廣泛應用，人們常用它製作茨仔包、煎茨餅等，且粵語中「茨仔」只用於指代馬鈴薯，因此茨蓉最大概率為馬鈴薯蓉。這道點心先將馬鈴薯去皮蒸熟，碾壓過篩，再加入糖、牛奶和雞蛋等混合，再入烤箱烘烤成布甸。這種做法比使用冷凍更有視覺效果，香氣更能得到進一步的釋放。

酥皮蔥油包可謂通身洋味。在混酥皮中加入「依士」酵母和蔥粒，常溫發酵二至三小時，口味更香。「依士」是酵母「yeast」的粵語音譯，作用類似於西式泡打粉，使麵糰的口感鬆軟。發酵的時間和溫度對口味的影響比較大，溫度過低，發酵速度慢；溫度過高，則容易變酸。炒香的蔥粒釀入發酵好的麵糰中烘烤，化普通為特殊，化簡單為神奇。

廣式點心中常見的酥皮深受西式技法影響。一般來說，酥皮分為暗酥、明酥和混酥三種，像叉燒酥這種表面光滑、內裡成酥的是暗酥，天鵝酥這種表面就能看到紋路的叫明酥，豬油和牛油混合起酥的稱為混酥。雞粒粟米盞重在對酥皮的運用，用暗酥手法製作混酥皮，一部分製成盞形，放上雞粒、玉米粒和蘿蔔粒，再將部分酥皮切條，在餡料表面「編織」成竹籃形，入爐烘烤，既美觀又有趣。

柚皮焗鬆餅與「消失的名菜」第二季中「蝦籽柚皮」物盡其用的理念相同。將剩餘的柚皮去掉外皮，反覆浸泡，擠乾水分，去除苦澀口感。由於柚皮屬「瘦物」，不含油脂，口味寡淡，因此加入叉燒粒和蔥花補充香味，最後釀入暗酥皮中放入烤箱烘烤成型。這道點心肥而不膩，香而不俗。

春艾夏藕，秋芋冬糯，時光流轉，日趨夜行，小小點心，濃濃情意，是節令的饋贈，是人情的往來，是傳承創新的接續。悠悠珠江水，千年廣府味，緣起「消失的名菜」，創新至「消失的點心」，後續還將有更多「消失的」味道等待我們重新發掘。廣州博物館與中國大酒店將繼續重塑展現城市精神文化的舊時味道，讓世界重新認識魅力四射的開放商都，從而彰顯廣州特色、廣州風格、廣州氣派。

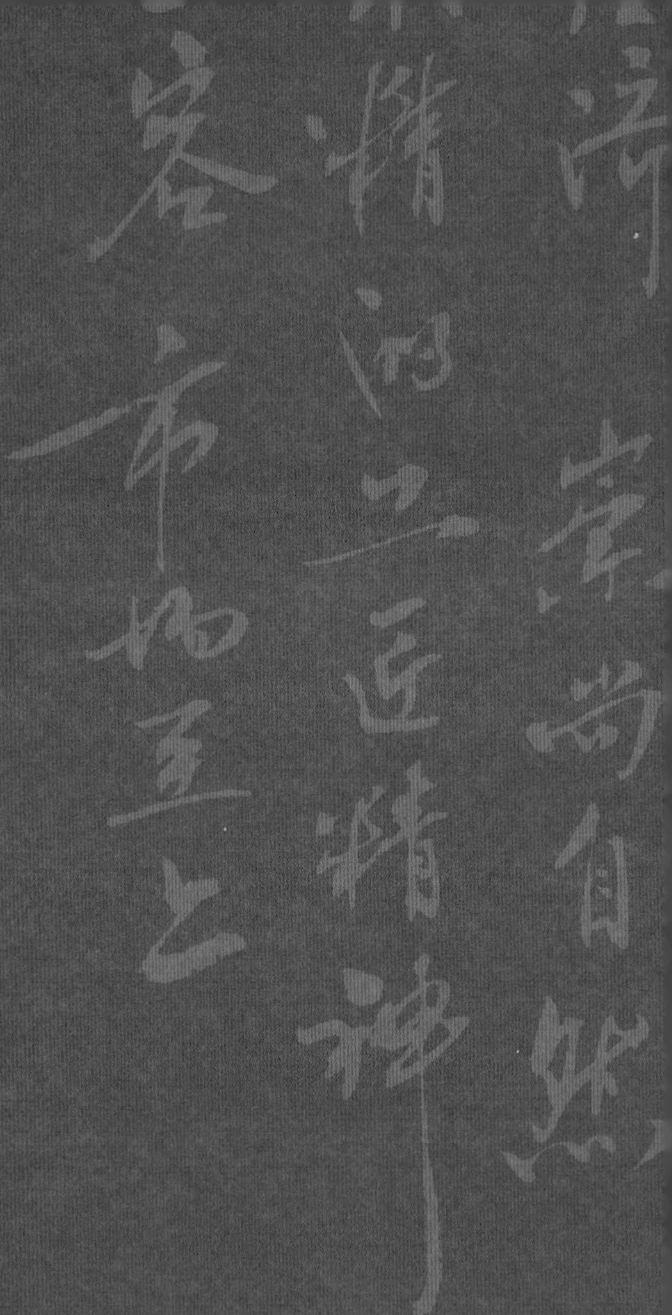

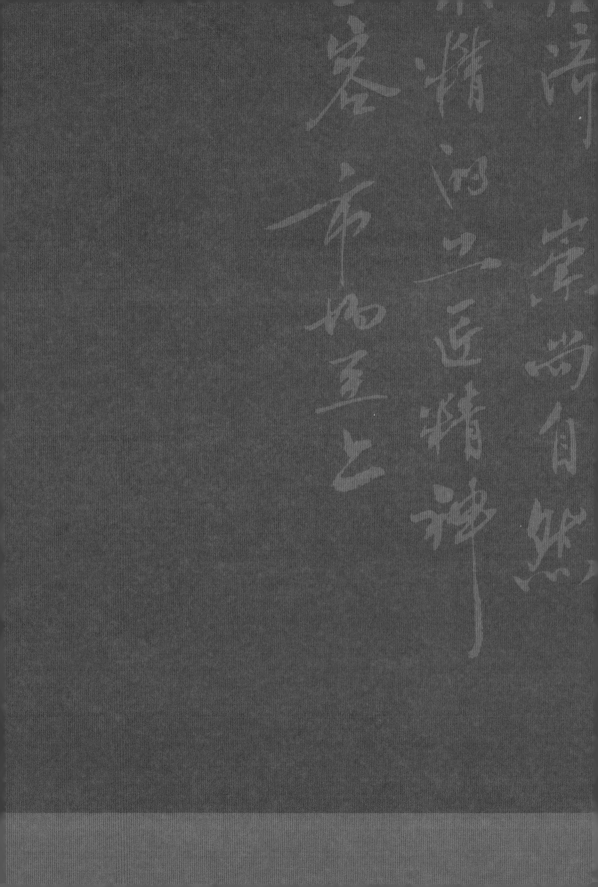

肆 情味

菜單裡的廣州精神

「一方水土養一方人」，一個地域能形成自己獨特的菜系，必定與這個地方的地理環境、氣候、物產、歷史、經濟條件有關，而這些條件同時也與一座城市的文化有著密不可分的關係。廣州是一座低調、務實且包容的城市，通過粵菜來解讀城市特點，讓人更直觀地體會到這座城市的精神與魅力。

鼎、簋、灶、禽畜、瓜果……一件件深藏於博物館的文物從時光中走來，為我們講述粵菜兩千多年的發展歷史；陸羽居、華南酒家、蓮香樓……一張張民國菜單（菜譜）和廣告單從塵封中蘇醒，向我們展現「食在廣州」的輝煌往事。孫中山先生在《建國方略》中對中華民族的飲食之道有過毫不掩飾的讚美：「我中國近代文明進化，事事皆落人之後，惟飲食一道之進步，至今尚為各國所不及。」中國飲食文化博大精深，不論是味道、菜式花樣，還是營養健康，都可以讓國人挺起胸膛，豎起大拇指，喜笑顏開地稱讚一聲：「妙哉！」可以說，只要中國人能去的地方，一定會留下中國飲食文化的痕跡。粵菜在中華美食文化蓬勃發展的歷史脈絡中，不容忽視地耀眼存在著。

說起粵菜，人們常常會應聲說出「食在廣州」。吃飯是最重要的事情，彷彿頂破天的大事都不如「食一餐」來得重要。在大街小巷，經常可以看到廣州人對吃的講究，哪一家食肆「平靚正」，街坊鄰里如數家珍。飲食和城市，你中有我，我中有你，城市精神深刻塑造著粵菜的發展歷程和特色，飲食文化也潛移默化地滋養著這個城市的靈魂。

廣州是南來北往頻繁之地，不僅連接中國內陸地區，更連通世界各地。城市開放的特質，讓全世界的人都為粵菜帶來生長的營養，更將對粵菜的喜愛傳到全世界。粵菜以極具吸引力的姿態發展至今，與它自身獨有的精神魅力密不可分。自粵菜誕生之日起，就有著強大的生命力和創造力。粵菜的發展空間因其自身所蘊含的兼收並蓄、務實自然、工匠精神、寬和包容，有著無限邊界，以它獨特的魅力立於長久不敗之地。粵菜因此成為中國飲食乃至世界飲食濃墨重彩的一筆。

兼收並蓄　中外南北相交共融

秦始皇平定嶺南，拉開了中原與嶺南交流的序幕，粵菜便開始牙牙學語、蹣跚學步。在接下來的兩千多年歲月中，它如春草萌芽般不斷成長。粵菜誕生於水運發達、物產豐饒的瀕海之地，長於商業發達、思想開闊的自由環境，烹飪、調味、用料、用具等方面全面發展。注重傳承而不困陷於固化的傳統，汲取長處而不溺於全盤接受的怪圈，是粵菜的本質。發展至唐代，粵菜已初具體系。到了明清時期，粵菜體系的格局形成並走向成熟。粵菜於千年歲月中成長為參天大樹，鬱鬱蔥蔥。

翻看民國時期粵菜的菜譜和菜單，會發現許多非本土的飲食文化。洋為中用，古為今用，這都是文化交匯所帶來的各地特色風味的融合，從而慢慢形成本地化的美味粵菜。在民國菜單與菜譜中，有傳自北方麵食文化的點心，雖然《廣東新語》記載，「廣人以麵性熱，不以為飯」，但北方麵食文化進入嶺南地區後，不斷被改良創新，與本土飲食習慣相互融合，逐步形成在當時頗受歡迎和追捧的菜品。如龍鳳灌湯餃，堪稱粵式點心中最珍貴的一款，品嘗過的食客讚歎其輕輕一咬，足以媲美滿桌盛宴。再如香煎滷肉包，傳到廣州之後，結合其自有的北方美食口味予以粵式做法的改良，使其增添了別樣的南方風味。

還有一些菜品，名字乍一看似乎與粵菜毫不相關，容易給人以錯覺。如「五柳魚」，原是清代福建五柳居飯店的招牌菜，傳至廣東後，人們用當地醃菜配搭五柳魚，形成了絕妙的組合，味道更為豐富有層次感，久而久之，粵式五柳魚獨樹一幟，而其中的特色醃菜更被稱為「五柳菜」。

中西飲食文化是世界範圍內個性較強的兩種不同文化，二者之間的諸多不同給粵菜發展帶來很多靈感。鴉片戰爭以後，中國的大門被迫打開，西方人的生活方式滲透了廣州本地人的生活，中西菜式有了融合，有的西方人出於交往或享受的需要，向中國友人介紹西方菜點及其製法。粵菜師傅們從中學習，汲取精華，不斷探索創新，讓西式特色風味飲食及觀念融入粵菜當中。在民國菜單和菜譜中，最具代表性的有咖啡奶糕、茨蓉布甸等。

咖啡奶糕在民國時期是一道經典的美食，將中國的千層糕與西方的咖啡豆完美地融合，咖啡增添了千層糕的味道層次，是中西飲食交融的成功之作。在中國和西方，咖啡奶糕同屬新鮮玩意，在當時，無論是國人還是洋人，都十分喜歡。

粵菜經過長時間的發展，在汲取了各大菜系所長後，逐漸形成自己獨樹一幟的風格。民國之後，粵菜更是吸收了西餐的烹飪技藝，在 20 世紀 30 年代達到巔峰。粵菜所蘊含的集眾家所長的包容精神，正是廣州城市精神特點之一。

敢想敢吃　敢為人先

要說用料「生猛」，粵菜當之無愧。民國時就流傳著「天上飛的、地上跑的、水裡游的，廣州人什麼都吃」的生動評價。更誇張的，「廣州人除了四條腿的桌子不吃，什麼都吃」。雖是一句隨口而說的戲言，但以小窺大，足以見得廣州人靈活變通、開放兼容的飲食心態。在飲食上百無禁忌、什麼都敢吃的特點，則可從側面反映出廣州人敢想敢幹的精神。敢為人先，不畫地為牢，擅長打破束縛，善於變通，具備「做第一個吃螃蟹的人」的開放探索精神。

我國是歷史悠久的統一的多民族國家，多元一體是先人留給我們的豐厚遺產，各民族共同創造了悠久的中國歷史、燦爛的中華文化。不同的文化之間有了交流，產生了溝通與爭論，才有可能觸發進步與繁榮。多元、多樣、差別永遠是文明文化繁榮發展的根本立足點。

回顧粵菜的發展歷程，若是僅靠粵菜本身單槍匹馬，絕不可能有如今的成就。粵菜的每一道菜品，內涵都是豐富的。看似尋常，實則包含了天下。「食在廣州」這四個字，若是僅從在廣州吃本土菜理解，不免過於狹隘，更應當理解為五湖四海的菜品皆可在廣州品嘗。或許後面還應補充一句，「食盡天下」。廣州豐富多彩的飲食文化是多元文化交匯融合的結晶。從粵菜裡能看到全世界不同地區、不同民族的飲食習俗，這表明粵菜一直保持著向其他菜系和飲食文化謙虛學習的姿態，粵廚們自然而然地具有創新向上的驅動力，深刻體現出廣州人兼收並蓄、海納百川的飲食心態與開放精神。

務實經濟　崇尚自然

務實自然，是粵菜與廣州這座城市共生共存的精神精髓之一。粵菜在千百年吸收其他菜系所長的過程中，並沒有發生「亂花漸欲迷人眼」的悲劇，其原因就在於此。粵菜於兩千多年的發展過程中，將不適宜自身發展的東西一一淘汰。廣州人在品嘗粵菜時講究實際實惠，即使是邀客，也不喜鋪張浪費，追求吃得好、吃得精、吃得新鮮、吃得享受，與追求大吃大喝、排場臉面的飲食習慣形成了鮮明的對比。粵式飲食注重營養與健康，拒絕大魚大肉，拒絕重油、重鹽、重口味。長期飲食文化的演變，其中就有現代文明社會發展前進中對不良習俗的摒棄。

對於一些浮誇、華而不實的東西，老廣的食客們常常能一眼看穿本質。他們即使一時被好看精緻的外表或好聽響亮的噱頭吸引，也會在咬一口品嘗一下後搖搖頭，長歎一聲「得個睇」，放下碗筷，揚長而去。若是味道有「鑊氣」，便是「酒香不怕巷子深」，哪怕是犄角旮旯，也能繁榮興旺。可若是味道不對，即便冠以「米其林」（米芝蓮）之類的名頭，最終也只會關門收場。少講虛名，多講實在；少講空話，多講落實；少講天馬行空，多講腳踏實地，這是廣州人務實精神的自然流露，可愛可敬。

粵菜在食材的選取中注重經濟實在、因材施藝，不昂貴、不浪費、不鋪張，取之自然，用之盡然。用簡單、常見的食材，搭配高超的技藝和巧妙的做法，就可以呈現出令人回味無窮的廣府美味。在餐館檔口裡，冒著熱氣的菜上齊了，人們氣定神閒飲著茶，品嘗著樸實無華的菜餚，欣賞著外面的風景，感受著淳樸熱情的服務。飽餐一頓，人間美好，暖上心頭，回味無窮。

粵菜的務實自然，表現在追求新鮮、享受食物的「本味」和「鮮味」。或許抬眼一看、隨手一摘，一道美食的原料便齊全了。筵席裡的「二生果」與「二京果」中的生果就是樹上剛摘下來的果子，用新鮮的水果在餐前喚醒沉睡的味蕾，生果和京果的選擇和搭配會隨時令變化而更改，既養眼又開胃，將粵菜追求務實和新鮮的特點體現得淋漓盡致。夜合雞肝雀片拼脆皮珍肝夾，雞湯、雞肝、雞肉片……以雞的各部分入菜，巧妙並充分地運用了每一樣食材，口味絕佳，絕無浪費。

粵菜食材的選用極其講究且豐富多樣，鮮少使用昂貴且珍稀的原材料。以全節瓜為例，將外表完好的節瓜瓤掏空，以空心節瓜身為容器，再釀入豬頭肉、蝦肉、蝦米、冬菇打成的肉餡，用魚湯把節瓜浸泡入味，出鍋後再以高湯入芡。普通的用料，做出了一等一的味道。不好高騖遠，注重實幹精神，致力於用平凡的食材做出不平凡的味道。

廣式點心可謂廣州人的心頭好。但在廣式點心中，存在著一個有趣的現象：引廚入點。而這個現象常常令外地市民不解。鳳爪、豆豉排骨、鮮粟蝦仁脯、西施蟹肉盒、糯米雞等點心在外地人看來倒像是大菜或主食，可為何這些菜餚會出現在廣式點心的菜單之中呢？「引廚入點」即用點心的分量製作主食菜式，這也充分體現了粵菜務實、節儉的特點。

以前粵菜製作中，廚房與點心兩個部門並沒有做很大的區分，大家同屬一個廚房工作，工藝、食材、製作步驟各部門皆互相瞭解。此外，麵粉對於多數北方麵點來說屬必需品，用麵粉做皮才能稱之為麵點、點心。廣式點心則不拘一格，廣式點心中的鳳爪、排骨等點心樣式不存在要用麵粉做皮的步驟，也能作為點心上桌。即便是西施蟹肉盒，雖然它的製作步驟中存在做皮的環節，但不用麵粉，而是用肥豬肉。「引廚入點」實際上就是「廚為點，點為廚」，廚房可以做到的品種，點心都可以做；點心可以做到的品種，廚房都可以做。這就是廚房的菜式會出現在點心門類中的原因。「引廚入點」的特點，並不意味著廣州人不夠豪爽大氣，相反，這代表了廣州人注重實際、低調務實的精神品質。近些年市場上逐漸流行起「小份菜」飲食風尚，這種務實的飲食習俗廣東早在百年前就已形成。

精益求精的工匠精神

工匠精神，體現在粵菜，就是把匠心融入烹飪的每一個看不到的細節中，凡事想在前。心懷匠心的人，一路前行，璀璨光明，如同被陽光照耀著，看得高，走得遠。技藝代代相傳，匠心也當隨之代代相傳。重現民國粵菜，特別是與現今差別較大或已失傳的菜品，對於廚師來說，難度非常大，重塑是還原加創新的過程，充滿挑戰。若重現的菜品是民國時期的經典之作，廚師們要成功還原製作，登上巍峨高山，工匠精神則是那不可缺席的天梯。「消失的名菜」的初心，便是憑藉歷史文獻，挖掘菜品背後的典故，高度還原一批「消失的名菜」，以一席精彩的粵菜佳宴再現傳統廣府味，致敬匠心精神，弘揚傳承粵菜文化。

中國大酒店廚師團隊從廣州博物館拿到這一批民國菜單菜譜等資料，興奮之餘，更感覺需要敬重歷史，更需要精細創新。在四熱葷之煎明蝦碌這道菜中，處理蝦的步驟尤為重要，需遵循傳統的七步剪蝦法。中國大酒店廚師回憶還原製作的過程時感歎道，民國師傅對蝦的處理真的讓他們好像變回了學生，重新上了一堂課。傳統七步剪蝦法有它特別的章法，順序、方向均有講究，若無老師傅的悉心教導，不見得能輕易掌握。用這樣的方式處理過的蝦，烹製出來後爽滑彈牙，層次鮮明，口感豐富，口味獨特。

工匠精神不是一個口號。練就工匠精神，非一日之功，法則之一就是苦練技藝。雞粒梅花餃是傳統的粵式點心，造型美觀，栩栩如生，是筵席才會製作的花色點心；梅花餃是用傳統點心製作手法中的疊揑法來製作的，是一種比較有難度的手法；古法脆皮糯米雞，源自百年前粵菜師傅，製作中「起皮」的環節，要保證雞皮完整如初、薄如蟬翼，最考驗廚師烹飪的繡花功夫。換句話說，熟練掌握疊揑法和「起皮」的粵廚，都不是一般的粵廚。

「消失的名菜」，吃的是民國名菜，品的是匠心精神。綠柳垂絲配戈渣是一道體現廚師匠心手藝的「繡花菜」，對火候的把控十分重要，要求極高。為了結合現代健康飲食，摒棄傳統高油高脂肪的雞子濃湯，創新地改用海鮮熬成濃湯，小火長時間推煮湯汁，推成糊狀，待冷凍後裹粉油炸。輕咬一口，酥脆的外殼裡迸發出美味湯汁，濃縮的湯汁呈現的不僅僅是海鮮的美味，更是師傅們多年火候把控的廚藝縮影。傳統淮揚菜中的揚州炒飯，飯焦雖然香脆，但容易上火，不適宜廣州人的體質。粵廚們進行改良，捨棄飯焦，直接炒飯。這道淮揚菜出身的揚州炒飯，搖身一變，成為經粵藝改良而來的傳統名菜。身為廚師的快樂，不過就是「做得用心，吃得開心」，將自己的巧思和匠心借助「會說話」的菜餚傳遞給食客。在匠心的加持下，廚師與食客之間的相遇定是一場又一場的佳話。

在過去，食客追求「吃得好、吃得精」，喜愛精緻精妙的點心造型，但世事變遷，當下社會人心浮躁，追求快速高效，現在更多的商家更在意菜品的實惠性，耗時、費力、花功夫的點心便逐漸淡出人們的視野，許多技藝手法也隨之淡去。那個時代早已結束，在那個時代生活過的人，也逐漸離開，痕跡也會慢慢消退。也許再過幾十年，人們研究民國歷史和文化，只能拚命地翻閱古籍文獻，在腦海中勾勒以前的世界。

「消失的名菜」的推出，就是為解決這一難題而做出的努力和嘗試，通過文獻與口述，讓民國粵菜與現代粵菜之間的傳承不斷層，並嘗試讓民國粵菜煥發出新的生機，重回現代市場，讓那些精妙的技藝，不再僅僅只是典籍文獻中的一段話，而是這個世界上活生生的存在。

寬和包容　市場至上

在粵菜的「各種選擇」上，非常能體現出粵商寬和包容的服務精神。民國時，「食在廣州」就已聲名遠揚。不同地區飲食習慣差異較大，初來廣州的朋友，一時間不知粵菜的分量，點多了，怕吃不完，點少了又怕不夠吃。在糾結矛盾的心情之下，打開菜單，豁然開朗，眉頭一下子舒展開來。

粵菜種類繁多，自由搭配，豐儉由人，按需選擇，不會讓食客處於分量與食量不對應的尷尬境地。自食客踏入店門的那一刻起，粵商就用他們寬和包容的胸懷，迎接來自天南地北的眾多食客。民國時期，廣州食肆舉辦筵席的能力當屬全國之最，而筵席中規格的命名，內涵豐富，如「十大件」「八大八小」「普通九碗頭」等，除了從名字上能知曉當前的菜餚價格高低、是否餐前小菜、是否硬菜，也能知曉菜的分量。在構思菜名的環節，粵商就盡可能地將菜式菜樣的選擇權和主動權交到食客手中，食客們可根據自身的喜好、食量、消費能力按需選擇。簡而言之，就是「顧客滿意，市場認可」，一切都以消費者的需求為標準。

此外，在民國，廣州人習慣用食具的大小代表上菜的分量，對食具的使用也講究豐儉由人。食量大的點大份，食量小的點小份。分量大的用大的食具，分量小的用小的食具，一一對應。如伊麵九寸，即用九寸的碟盛載伊麵。而且每一種規格的菜碟盛的肉類與菜的比例也是固定的，一個廚師看到器皿的大小，就知道要做多少分量的菜。這充分體現了粵菜行業日益規範化，也體現了廣州粵商豐儉由人的服務精神。

從古至今，飲食行業是對價格相對敏感的行業。農業豐歉、商業運作好壞、貨品的熱銷程度等都會通過價格的浮動直接反映出來。菜單也是飲食行業成本中的一項。菜單的設計、印刷細節，往往能體現粵商的特點。早在民國時期，粵商已關注到人們對飲食品鑒的更高要求，食客追求新鮮和新穎的飲食享受，商家便在菜單上予以呈現。粵菜向來以菜式品種豐富聞名天下，幾乎能滿足不同人對於口味和新鮮感的追求，但一次性將茶樓食肆能做的菜品印刷到菜單，一來過於累贅不利於閱讀，二來菜單製作成本也增大了，因此粵商推出「星期菜單」。星期菜單，顧名思義，就是每週變換推介一批精美點心菜品應市。星期菜單充分展現了民國時期粵商們的營銷策略和粵廚們高超的廚藝及巧思。金銀雞蛋糕是廣式點心首創的一類，也是「星期點心」的其中一款。此款蛋糕兩種味道、兩種顏色，做法極為講究。以金銀蛋糕為代表，可見星期點心不僅講究顏色搭配，還講究菜品命名悅耳有文采。星期菜單不但見證著廣州民國時期飲食行業的發達和粵商們的智慧，同時也能折射出民國時期造紙、印刷行業的發展狀況。

茶在粵菜中是不可缺少的重要元素。茶樓茶館，更是以茶來命名的餐飲場所。茶對於廣州人而言，能潤喉，能解渴，能解膩，能養生，與飯食點心搭配在一起，可謂是相得益彰。品食時，茶能使飯食更加可口，飯食也能消解茶的苦澀。茶的品種眾多，口味各不相同，不同的人喜歡喝不同的茶。同一道菜品，用不同的茶種搭配，也會產生不同的風味。早在民國時期，粵商們眼光獨到，抓住人們對飲茶的需求，對來來往往的食客推行「問位點茶」的服務，這讓當時的食客大為稱讚。「問位點茶」的意思就是一起來的食客，每個人都可以按照自己的口味點茶，不同的茶，價格也不一樣，可見粵菜之美，在於寬和包容。

粵菜寬和包容的獨特魅力還體現在思想觀念的超前上。民國菜單上就寫著「為社會服務」這五個大字，由此可見其思想的前瞻性。（見前插頁圖VI）寬和包容的思想精神幾乎貫穿粵菜發展的始終。粵菜對內用開放務實的姿態提升自己，對外也同樣用包容的胸懷服務大眾。中國是個講禮儀的國家。孔子說：「君子和而不同，小人同而不和。」（《論語・子路》）廣州地理位置優越，陸路水運，四通八達，匯聚了南來北往、五湖四海的人。若是缺少寬和包容的胸懷，粵廚們如何能集百家之精髓光大粵菜，廣州如何能得以不斷發展繁榮？兩千多年的城市發展，廣州逐漸形成敢為人先、熱情好客、寬和包容、開放創新的精神，這是粵菜延續千年不斷的源泉，也是廣州長久繁榮的原動力所在。

粵菜與廣州是密不可分的統一體。廣州滋養著粵菜的發展，粵菜也反哺著廣州。瞭解陌生城市最好最快的方式之一，就是品嘗當地的美食，感受當地的味道。一座城市的飲食文化，很大程度上彰顯了一座城市的氣質。民國粵菜發展至今，雖有些許技藝菜譜即將失傳或已然失傳，但粵菜中的精神卻不會因為技藝的失傳而蕩然無存。

百年前，街坊鄰里叫賣聲一片，「賣芝麻糊嘍」「食過包你更醒目……」「……卜卜脆」，大街小巷熱鬧非凡。許是精緻漂亮的茶樓，許是碼頭臨時搭建的帳篷，又許是隨處可見的檔口，勞作之後，吆喝三五好友落座，店小二便會使出渾身解數來招待。百年後，T 恤一套，拖鞋一穿，手往口袋一插，晃晃悠悠來到酒樓「美美食一頓」，「問位點茶」「星期菜單」「奉香巾淨面洗塵」的服務習慣現在仍有保留。現在的廣州一如百年前那樣寬和包容，對本地人而言，是自在隨性；對異鄉人而言，是賓至如歸。這是粵菜的魅力，更是廣州百年、千年如一日的魅力。

是晚文物
清到文化品牌

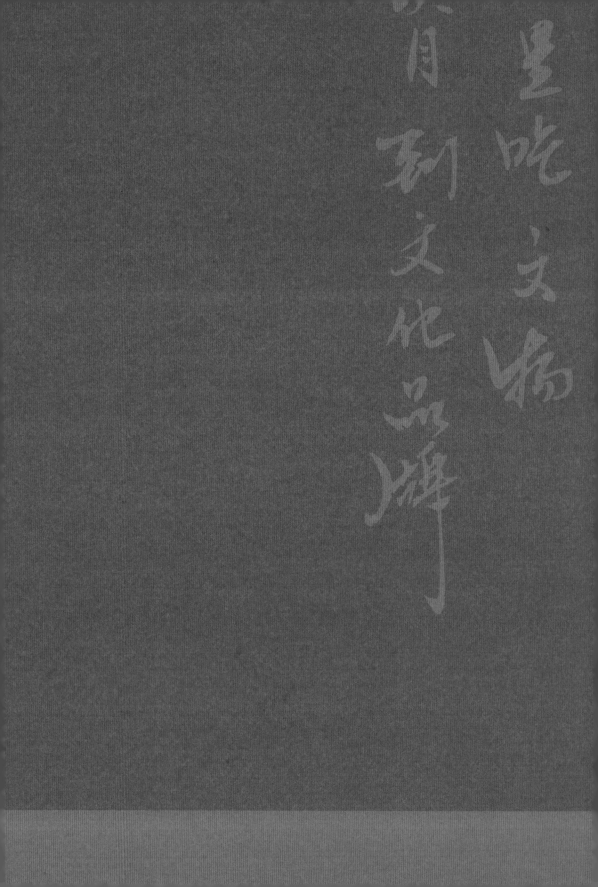

伍 融合

從名樓名菜中讀懂廣州

始建於明代的鎮海樓，是中華歷史文化名樓，也是廣州最具代表性的文化地標。昨日之鎮海樓，今日之博物館，往昔護衛巍巍大城，目下保育千年文脈，歷史的塵埃撲面而來，傳統和現實的時空在這裡漸相交匯。

始建於明洪武十三年（1380）的鎮海樓，是中華歷史文化名樓，也是廣州最具代表性的文化地標之一，廣州博物館所在地。古樓巍巍，城牆蟄伏，遊人如織，山景一色。昨日鎮海樓捍衛南方大城，今日博物館保育千年文脈，歷史的塵埃撲面而來，讓人頓生今夕何夕之感。走進博物館，文物藏品歷歷在目，訴說著往昔的故事，勾連起傳統和現實的情緒。

「食在廣州」是最響亮的城市名片。從青銅器、陶器到泛黃的百年菜單、菜譜，都封存著消失的味道，是探尋「食在廣州」與城市精神的獨特材料。追尋味道以跨越百年時空，登古老城標以營造歷史現場，在承載城市歷史的博物館來一場「由紙面到餐桌」的文物活化、味道重現的粵菜體驗之旅，是理解歷史傳統、堅定文化自信、讀懂廣州這座城市的有益嘗試。

打造沉浸式的文化體驗

塵封的菜譜，消失的味道，古老的名樓，現代的技術，是「消失的名菜」項目的基本定位。菜譜與場景早已齊全，只欠把菜品從紙面變成實體這道「東風」。2020 年以來，廣州博物館與中國大酒店數度攜手，先後推出「消失的名菜」第一、第二季，「消失的月餅」第一季，「消失的點心」「消失的飲料」等主題活動，終於讓名菜、名點不僅僅留存於文字想像，而是真正變成可觸、可聞、可品的佳餚，成為在歷史原址可賞、可鑒、可沉醉、可昇華的文化體驗，獲得越來越多的關注。從單一項目跨界合作，向打造「粵菜創意＋文物活化」城市文旅融合新樣板的價值內涵升級，成為必然。

還原「消失的名菜」，除著力於文物本身的活化、復原和重塑以外，還需將其與廣州博物館主館址——鎮海樓相結合，打造成沉浸式體驗文創項目，並由此延伸出豐富多元的文化活動。「消失的名菜」第一、第二季，以「文化＋美食」的形式，在廣州老城標、傳統中軸線鎮海樓，依託廣州博物館一年一度的「鎮海樓之夜」，結合藝術展演的形式進行展現，將從文物裡走出來的民國粵式名菜，以多維度的方式打造成具有濃郁嶺南風味的視聽盛宴。

當代廣州與鎮海樓處在同一時空，呼吸著同一方清爽的空氣。月與竹、柏俱存，人與閒情皆在，老菜單沉睡了近百年，等待一個被發現、採擷的時機。消失的粵味，將在文史活化、匠人手作、名樓美景下重生。華燈初上，花城煙火，霓虹燈下的鎮海樓褪去白日的威嚴，披上一層神秘的薄紗，在舒緩的音樂下，彷彿一位穿著紅色禮服的美麗女子，斜倚在越秀山，閒適地發呆。「消失的名菜」第一季在這詩一般的場景下揭開面紗。

同在越秀山下，中國大酒店作為國內首批中外合作五星級酒店，國際與在地文化深度交融的基因，對創造性傳承與創新性發展廣府飲食文化有獨到的理解。在鎮海樓下首發，在中國大酒店的餐桌上感動更多中外食客的味蕾，這是「博物館＋文旅」的緣分。為了突出民國筵席的規制與特點，「消失的名菜」第一季在餐桌佈置上特地選用了有暗紋的白色桌布與黑金配色的靠背椅，低調中盡顯奢華；服務人員則身著黑色改良旗袍，外搭紅底團花連理枝刺繡外套，再配以現場佈置的仿古花鳥屏風，有穿越回民國，目睹廣州著名食肆開宴盛況之感。在筵席的設計上，中國大酒店宴會團隊對所使用的器皿搭配巧用心思，將 1984 年酒店開業時收藏的廣彩碟作為裝飾盤呈現在客人面前，30 多年前酒店流行的鎏金器皿用來盛放「四熱葷」，增添了筵席的精緻與規格感。除此以外，中國大酒店創造性地將廣彩技藝融入筵席菜單的製作中，設計開發文創產品「廣彩碟菜單」贈送來賓。盤中燒製菜單，突破了紙質菜單的局限，體現了製作方的創新有為，表達了對客人的重視與歡迎，讓廣彩碟同時擁有了觀賞性和實用性，打造了富有嶺南特色的新文創。小小一件瓷碟，映照的是古今文化的傳承與發展，是國人對傳統文化的深深眷戀。[65]

首發式上，民國粵菜與傳統廣府詩歌表演等多種藝術形式巧妙串聯，在

65 | 酒店開業時收藏的廣彩碟，及以此為靈感燒製的「廣彩碟菜單」。

「美食」與「詩歌」的景情互見、交融中，多維度打造具有濃郁嶺南風味的視聽盛宴。粵語歌謠《落雨大》童音琅琅的合唱聲拉開了活動序幕，以廣州博物館一級文物《鎮海樓賦》為藍本的詩歌悠揚朗誦，講述著鎮海樓的壯麗雄偉和悠久歷史。現場還通過紀錄片講述了廣州博物館與中國大酒店團隊對傳統粵式名菜的溯源、研究、試驗和創作的完整過程，充分展現了嶺南傳統飲食文化的精髓和本土文化情懷。

台上朗誦聲如磬，歌聲如鸞鳴，舞蹈如白鶴求偶，賞心悅目。台下，服務人員捧著托盤優雅地穿梭於席位間，為食客呈上各色精緻菜餚。以茶代酒，主人盡顯待客之道；推杯換盞，賓主共享朗月清風。

一年之後，「消失的名菜」第二季再次登上鎮海樓，延續第一季做法，以歷史文物建築原址為舞台，通過「文藝＋美食」的形式再度首發。在燈

66 ｜鎮海樓前，「消失的名菜」第二季會場。

光璀璨的鎮海樓廣場前，通過《傳承與創新：消失的名菜 2》紀錄片的展播、創作團隊講述等方式，為觀眾娓娓道出第二季「消失的名菜」精工匠心之處，展現了一道道傳統粵菜從紙面到餐桌的重塑過程，充分展現了傳統粵菜所蘊含的匠人精神、繡花功夫以及吉祥寓意。在文物原址以藝術手法活化文物、品嘗「文物」，可以說是一種全新而獨特的文化體驗和文創項目。66

「消失的名菜」第二季，把菜品還原的切入點放在了繡花功夫上，因此在餐桌和服務人員的修飾上比第一季下了更大的功夫。第二季選用湖藍色帶暗紋的桌布，沉靜的顏色讓人撇去浮躁，更好地體味廚師在菜品上的繡花功夫。服務人員也換上一身藍色基調的改良旗袍：藏藍的修身長裙主體鑲著紫色的布邊，從腰部開出一個叉拼接花鳥紋的刺繡布料，頸部兩行一字扣垂下由串珠和繩結組成的流蘇式掛飾，襯得姑娘們猶如一個個畫滿紋飾

67 ｜在老電車旁、明城牆邊、鎮海樓下品嘗百年前的粵式名點，感受博物館的原址沉浸式文創新體驗。

的長頸青花瓷瓶。這樣充滿古韻味的服裝設計，是中華歷史的結晶與現代設計的碰撞。值得一提的是，第二季在器皿上同樣用心，中國大酒店專門燒製了配套餐具。為了突出食物的魅力，這套餐具簡化了廣彩碟花團錦簇的紋飾，僅在邊緣印上花鳥圖畫。這樣的現代廣彩碟，既保留了廣彩瓷器的古韻味，又緊跟現下流行的簡約潮流。

博物館裡「吃文物」

繼兩季「消失的名菜」在鎮海樓首發並推向市場後，2022 年春節期間，廣州博物館與中國大酒店團隊再度攜手，還原重塑了在粵菜中佔據半壁江山的點心。為了讓市民更好地體會名點與名樓的魅力，結合中國傳統節慶，廣州博物館以常態化的方式在鎮海樓下、明城牆邊、老電車旁推出「消失的點心」體驗活動。三五張帶傘小圓桌、精心裝飾的老電車車廂，一家明城牆邊的民國風情露天餐廳就這麼「開張」了，遊客可以在這裡品嘗活化的文物，追憶往昔的味道。重新開放的「大通道」老電車一洗往日塵埃，綠色框架和橙色座靠組成的電車座位重新煥發光彩；由淺黃色條狀木板和酒紅色圓形鐵皮拼成的地板在工作人員不斷地維護和修繕下依舊堅穩。透過車窗看風景，有一種從現代穿越回歷史的夢境之感。老電車記錄了廣州城的時代變遷，坐在此處品嘗點心，彷彿是在漫長的「食光之旅」中品味歷史，目光所及都是歷史，如何能不令人沉醉其間？[67]

「博物館裡吃文物」活動，讓市民在鎮海樓下、明城牆邊、老電車旁沉浸式品嘗從文物中活化、還原、重塑出來的民國時期流行的廣式點心，讓消失的味道不再失落於時光。讓參觀者體驗在博物館裡「吃文物」的新參觀模式，已贏得社會的認可和市場熱捧。從文化項目逐漸成為文化品牌，「消失的名菜」系列在探索文物活化利用新方法和新路徑的實踐中又邁出堅實的一步。

從文化項目到文化品牌

「消失的名菜」一經推出便得到社會的廣泛關注和市場洗禮。從 2021 年第 130 屆廣交會接待重要來賓的主題筵席、2021 年在廣州舉行的第六屆「讀懂中國」國際會議主題筵席、2021 年廣州國際美食節特色產品「樂韻粵宴」、2021 年廣州市文化廣電旅游局舉辦的「廣州歡迎您」系列活動文化展演，到 2022 年廣州舉行的國家級美食盛會——中華美食薈暨粵港澳美食嘉年華……「消失的名菜」登上眾多經濟和文化交流平台，向大灣區、中國乃至世界展現粵菜文化創新和融合的魅力，以粵菜精神展現城市的文化內核，堪稱以菜會友，連通世界的「民間外交」，突破地域限制，和我國其他「出圈」的菜品齊聚一堂，成為代表廣州文化的新事物之一。截至 2021 年底，該項目帶來直接經濟收益超過 350 萬元。

地道的廣府味道、精緻的菜式，激發了市民的消費熱情，更引領著廣州旅遊消費市場新態勢。「消失的名菜」系列筵席可謂搶佔了旅遊業復蘇蝶變的新風口，也引領全社會通過餐桌上的一飯一蔬，認識廣州，讀懂廣州，熱愛廣州。

為了讓這一文旅融合的品牌更加深入人心，廣州博物館與中國大酒店以創意元素組合，設計發佈「消失的名菜」品牌標識，完整表達「傳承與重塑」的核心理念。[68] 標識由「七巧板」拼砌而成，體現廣州人包容與創新的時代特點；紅、黃、藍、綠等顏色是代表嶺南文化的滿洲窗的經典配色，同時寓意酸、甜、苦、辣四種味覺體驗；由鎮海樓各類屋簷拼成代表名菜的「名」字，寓意「消失的名菜」品牌講好新時代文物故事，守護本土歷史文化；點睛之筆則在於「碗」的圖案，採用不著色的方式，生動地將「消失」二字的內涵用平面方式表現出來，寓意「消失的名菜」開創性地讓封存在博物館文物中的菜式得以「復活」，彰顯廣州實現老城市新活力的決心與以繡花功夫推動文化傳承延續的行動。廣州博物館與中國大酒店數度

68 |「消失的名菜」品牌標識

攜手，不斷深挖嶺南優秀傳統文化內核，多維度探索文化賦能、文旅融合，持續升級迭代品牌相關產品和體驗，保持「消失的名菜」品牌長久的生命力。

一路走來，消失的名菜、消失的點心、消失的月餅，一道道失傳的美食隨著師傅們嫻熟的技藝重新出現在大眾視野。文物活化給文博事業帶來新的生機。文物不應該僅僅陳列在展櫃中，更重要的是存留於每個人的心裡。過去的生活現場無從回溯，一些以文字或實物形式承載的文化正走向滅失。如何讓更多人領略傳統文化的精粹，如何創造當下的新生活與新文化？「消失的名菜」品牌探索出一條新路——跨界融合，文物不再曲高和寡；加強研究，體現了廣州人對傳統文化根脈的信仰，展現了通商口岸廣州向世界展現東方魅力之都的自信。

「中國南大門」「國際貿易中心城市」「千年商都」……廣州，在兩千多年歷史文化的滋養下，被賦予豐富的品牌標識。「食在廣州」成為最響亮的城市名片和城市符號，通過美食認識廣州，走近廣州，讀懂廣州，這是最接地氣的方式。一飯一蔬之間，都沉澱凝聚著廣州城市的性格和人文精神。

廣州菜餚，養育了廣州人的成長；廣州文化，豐富著廣州的人文歷史。廣州聞名於過去，發展於當下，未來，在千千萬萬廣州人的努力下，將向著創造更美好生活的方向勇毅前行。

後記

活化深藏在廣州博物館的老菜單和老菜譜，重現廣州古早味道，是博物館多年的夙願。直到 2019 年，在長期研究廣州近代歷史的朱曉秋副館長進入廣州博物館主持宣教工作後，終於得以實施。基於其多年的研究與思考，在博物館和餐飲界的跨界聯動下，特別是在與嶺南商旅集團旗下中國大酒店的靈感碰撞下，以「消失的名菜」點燃典藏，並以此命名項目，進而推向公眾視野。從前期文獻資料的搜集整理、文物的釋讀解讀、菜式菜品的討論、創作試驗和品嘗過程的影音像記錄、宣傳推廣稿件的撰寫、配套宣傳材料的製作審核、社教活動的溝通協調、現場主持和調度等，再到項目和衍生的文創產品的落地，都離不開廣州博物館領導班子、宣教團隊的默默努力和全館上下的通力合作，以及中國大酒店研發團隊全程的匠心呈現。

多年來，參與該項目的廣博人積累了大量民國粵菜相關的文獻資料以及與項目相關的文案和影像資料，卻囿於時間和契機，尚未系統整理成文。得益於 2022 年中共廣州市委常委、宣傳部部長杜新山的熱烈倡議和大力支持，廣州博物館、嶺南商旅集團和廣州出版社通力合作，使「消失的名菜」出版工作邁出關鍵的一步。從紙面文物到餐桌大菜，現在又從餐桌回歸書稿，《消失的名菜》一書匯聚了多年來廣博人對民國粵菜和「消失的名菜」項目的思考理解和研究成果，以及全過程的回溯和記錄。從項目的緣起到具體的還原過程，從兩千年粵菜歷史的溯源到民國粵菜的輝煌，由文物菜單、菜譜上的歷史信息映照近代廣州社會生活的側影，從獨立的子系列匯聚成根深葉茂的品牌項目，回首來時路，可以讓我們未來的發展之路走得更為沉穩有力。

在本書的編撰過程中，我們經歷了為時數天的對中國大酒店研發團隊馬拉松式的口述採訪，觀看了多達數百個的粵菜行尊採訪、研發團隊研發試驗的音像視頻，通過整理筆錄，廣泛搜羅相關文獻材料，將與粵菜源流發展相關的館藏文物融會貫通，對老菜單進行多維度的釋讀，並嘗試對這個項目、這段歷史、這個城市給出一份獨特的理解。我們的撰稿團隊非常年輕，有三分之二是 2000 年前後出生的新生代，參與項目的時間有長有短，但依然希望通過他們略顯稚嫩而生機勃勃的目光，為粵菜歷史的書寫注入一些新鮮的力量，無愧於那些聽錄音、看視頻、整理材料、刨根問底和深夜寫稿的時光。

本書共分為六大部分，其中「緣起：從老菜單裡引發的思考」由李沛琦執筆，「溯源：博物館裡的廣州味道」由鄧穎瑜執筆，「在地：食在廣州的近代往事」由李明暉執筆，「尋味：從紙面到餐桌」由朱嘉明和李明暉共同執筆，「情味：菜單裡的廣州精神」由卓泰然執筆，「融合：從名樓名菜中讀懂廣州」由溫夢琳及中國大酒店公關團隊共同執筆。全書由朱曉秋副館長負責統稿。中國大酒店團隊毫無保留地提供了研發過程的資料，並根據實踐經驗為書稿提供合理的意見和建議；餐飲團隊及公關團隊協助「消失的名菜」系列菜式圖片的拍攝；酒店資深宴會統籌經理蘇侃先生以獨特的江湖體書寫菜單上每一道菜式的名字，為書籍的設計提供了獨具匠心的素材。

此書能夠付梓，感謝一同為此耕耘的同人的辛勤付出，感謝粵菜業界前輩的支持，在資料搜集、口述訪談中讓我們獲益良多。此外，還要感謝出版社各位同人，以及一直關注與支持廣州博物館的兄弟同行、媒體朋友！

因本書撰稿團隊能力所限，不當之處在所難免，敬請專家同行批評指正。

廣州博物館
中國大酒店

[書名] 消失的名菜
[作者] 廣州博物館

[責任編輯] 寧礎鋒
[書籍設計] 姚國豪

[出版] 三聯書店（香港）有限公司
香港北角英皇道四九九號北角工業大廈二十樓
Joint Publishing (H.K.) Co., Ltd.
20/F., North Point Industrial Building,
499 King's Road, North Point, Hong Kong

[香港發行] 香港聯合書刊物流有限公司
香港新界荃灣德士古道二二〇至二四八號十六樓

[印刷] 美雅印刷製本有限公司
香港九龍觀塘榮業街六號四樓 A 室

[版次] 二〇二四年三月香港第一版第一次印刷
[規格] 十六開（170mm × 235mm）二八〇面
[國際書號] ISBN 978-962-04-5419-6

三聯書店
http://jointpublishing.com

JPBooks.Plus
http://jpbooks.plus

本書原由廣州出版社以書名《消失的名菜》出版，現經由原出版公司授權三聯書店（香港）有限公司在中國香港地區獨家出版、發行。